读客文化

# 大胆投资自己

[日] 松浦弥太郎 著
滕小涵 译

僕が考える投資について

文汇出版社

图书在版编目（CIP）数据

大胆投资自己 /（日）松浦弥太郎著；滕小涵译
. -- 上海：文汇出版社，2023.4（2023.4重印）

ISBN 978-7-5496-3994-6

Ⅰ.①大… Ⅱ.①松… ②滕… Ⅲ.①成功心理- 通俗读物 Ⅳ.①B848.4-49

中国版本图书馆CIP数据核字(2023)第036493号

BOKUGA KANGAERU TOSHI NI TSUITE
Copyright © Yataro Matsuura 2021
All rights reserved.
Original Japanese edition published by SHODENSHA Publishing Co., Ltd.
This Simplified Chinese edition published
by arrangement with kihon Co., Ltd., Tokyo
in care of FORTUNA Co., Ltd., Tokyo

中文版权 © 2023 读客文化股份有限公司
经授权，读客文化股份有限公司拥有本书的中文（简体）版权
著作权合同登记号：09-2023-0209

# 大胆投资自己

作　　者　/　[日]松浦弥太郎
译　　者　/　滕小涵

责任编辑　/　戴　铮
特约编辑　/　李思语　　敖　冬
封面设计　/　于　欣

出版发行　/　文汇出版社
　　　　　　　上海市威海路755号
　　　　　　　（邮政编码200041）

经　　销　/　全国新华书店
印刷装订　/　三河市天润建兴印务有限公司
版　　次　/　2023年4月第1版
印　　次　/　2023年4月第2次印刷
开　　本　/　880mm×1230mm　1/32
字　　数　/　78千字
印　　张　/　5.25

ISBN 978-7-5496-3994-6
定　　价　/　45.00元

**侵权必究**
装订质量问题，请致电010-87681002（免费更换，邮寄到付）

# 序　言

　　处于二三十岁这个年龄段的读者朋友们，一定都在为没有钱而感到不安和烦恼。大家都会想着，要是有很多钱的话该有多好，只要有了钱，困难就会迎刃而解，每天都能愉快地度过。

　　我曾经也有过同样的想法。有一段时间我曾为了赚钱而拼命工作，结果赚到了些钱以后（其实金额也没有多少），我却突然像大梦初醒一般回过神来，发现自己为了赚钱不眠不休，身体早已变得疲惫不堪。把赚钱放在第一位的我和朋友们也逐渐疏远，每天的生活变得毫无乐趣可言。赚到的钱变成了我用来填补欲望的工具，而想象中的幸福和喜悦却不知所终。再多的金钱，也无法换来内心的宁静和充实。

　　我开始怀疑，把"成为有钱人"当作自己人生的目标，为了赚钱而拼命地努力和学习，这一切真的是有意义、有价值的吗？我究竟想要怎样去生活？想要成为什么样的人？人生的充实感究竟源自何处？我开始想要重新描绘自己的人生愿景，思考自己的人生理念，搞清楚自己究竟是为了什么而活。

思索过后我发现，钱肯定不是第一位的。单靠钱，换不来幸福和喜悦，甚至相反，一个人越是对金钱紧追不舍，幸福和喜悦就越是会离他远去。

这个世界上还有比金钱更重要的东西，钱并不是越多越好，而是应该花在有意义的地方——这就是我在思索过后得出的一种答案。

首先，我要想一想自己究竟想要成为什么样的人。我认为这个问题非常值得像哲人一样去思考。这并不是指具体的职业，而是去想象自己未来想要成为的样子，再用语言来将其具象化。接下来，再想一想为了实现这个愿景（或者可以称之为人生理念），有哪些东西是必要的，自己应该学些什么，做些什么。我下定决心，今后自己的人生就要为了实现这一目标而投资。

现如今，股票和信托等投资方式备受瞩目。我并不是说这种投资没有意义，但是相比之下，我们应该先对自己的人生进行投资。如果说投资的定义并不仅仅是指增加财富，而是把眼光放长远，为未来铺路的话，那么我们就应该养成每天为自己投资的习惯，学会一些投资的方法，比如自己应该做什么，如何去做，把什么放在第一位，学习哪些知识，追求哪些事物等。

　　我们所度过的每一天，都是在向未来迈出新的一步。那么，为了实现自己的人生愿景或是人生理念，我们应该如何去规划自己每天的衣食住行，还有学习、工作和娱乐生活呢？我写作本书的目的就是想告诉大家，除了为赚钱而做的投资，我们还可以通过日常生活中的各种选择，来为自己的人生投资。

　　本书中所给出的建议都是在我看来回报率最高的投资方式，衷心希望这些建议能够帮助大家迎来更好的未来。

松浦弥太郎

# 目 录

**第 1 章**

**投资前，先来谈一谈习惯和学习** …………………………001
- 先思考自己想要的未来，再采取行动 ……………003
- 坚持习惯，从而成就未来 ……………………………007
- 在日常生活中应该注意什么 …………………………009
- 投资，从关爱自己开始 ………………………………012
- 调整自己的饮食习惯 …………………………………015
- 思考"做什么"的同时，也要思考"如何做" ………018
- 想一想自己能够从中学到什么 ………………………022
- 让"学习"成为一种"娱乐" ………………………024
- 在输入知识的过程中获得新发现 ……………………027
- 从厉害的人和前辈身上吸取经验 ……………………030
- 行万里路和阅人无数，都是学习的途径 ……………033
- 20 多岁时的投资造就了 30 多岁时的我 ……………035

## 第 2 章

**投资前需要了解的金钱知识** …………………………037
- 用来投资的"资本"——金钱的本质……………039
- 积攒信用 …………………………………………042
- 重新思考一下工资的支配方式 …………………044
- 收入的多少是由感动的量来决定的 ……………047
- 消费、浪费、储蓄和投资的平衡 ………………049
- 当你想要更多的收入时 …………………………052
- 39 岁以前,投资自己比存钱更重要 ……………055
- 为什么我不赞成投资金融产品 …………………058
- 风险时代中的理财方式 …………………………061
- 如何才能获得钱的青睐 …………………………064
- 爱惜物品 …………………………………………070
- 如何用钱和时间来投资 …………………………072
- 为自己规定一些不去做的事 ……………………075
- 学会掌控时间 ……………………………………079
- 我在美国学到的金钱和时间的使用方式 ………081

## 第 3 章

**如何通过工作来提升自己的价值** …………………085
- "跑腿小弟"也能为他人派上用场 ……………087
- 把"做自己"当成一种职业 ……………………093

- ⊙ 失败是必然，成功是偶然……………………097
- ⊙ 打破舒适圈的工作也是对自己的投资………099
- ⊙ "学透"的价值………………………………104
- ⊙ 像经营者一样去描绘愿景……………………107
- ⊙ 把工作获得的报酬再投资到工作中…………112
- ⊙ 在工作开始前留出"15分钟"………………117
- ⊙ 耐心地等待高额回报…………………………121
- ⊙ 尽量默默无闻地工作…………………………124

### 第4章

**投资时需要留心的重点**……………………127
- ⊙ 为积攒信用而投资……………………………129
- ⊙ 扩充人脉和利益得失…………………………133
- ⊙ 欲望会招来毁灭………………………………137
- ⊙ 让运气成为自己的伙伴………………………141
- ⊙ 适当地休息……………………………………144
- ⊙ 娱乐也是一种正当的投资……………………146
- ⊙ 自己来决定相信什么…………………………149
- ⊙ 去寻找高质量的二次信息……………………153
- ⊙ 全面肯定的生活方式…………………………156

本书是以 GOLD PRESS（由三菱综合材料株式会社出品）上的连载专栏"关于金钱的基础知识"（2020.1—2021.2）中的部分内容为底稿，修改并增添了新的内容后编辑而成。

# 第1章

# 投资前,先来谈一谈习惯和学习

## ▶ 先思考自己想要的未来，再采取行动

许多人都对投资感兴趣，而接下来我希望大家能够重新思考一下投资这件事情。一提到投资，几乎所有人都会认为投资就是指"赚钱"。

把工作赚来的钱投资到股票和债券中，这样自己的资产就会有所增减。除了一般存款，一些人也会通过这样的方式来为日后的养老生活攒下积蓄。这种投资就是为了赚钱而做的"金融投资"。近年来，市场上出现了越来越多的小额理财产品，投资类书籍也如雨后春笋般涌现，很多人都开始把投资当作一件为了自己的将来而必须去做的事情。

然而，我眼中的投资却和这种"赚钱盈利"式的投资略有不同。

我认为，投资应该是"先思考自己想要的未来，再采

取行动"。

每个人都应该认真地去想一想，如何运用自己所拥有的金钱、时间、知识和经验，在每一天的工作和生活中做出怎样的选择，才能使自己的未来变得更好。

这才是我对投资的定义，而绝不仅仅局限于赚钱这一件事情。

说白了，投资就是消耗自己当前拥有的资产，来换取未来的回报。在股票投资中，人们用自己所拥有的钱购买股票，就是为了将来能够获得更多的金钱。

我所说的"先思考自己想要的未来，再采取行动"，其本质也是同样的。

例如，我们每天吃进去的东西也可以算作一种投资。

每个人每天都必须喝水。这是一件稀松平常的小事，甚至有些时候可能是在无意识中完成的。

然而，喝水就是一种以维持生命为目的的投资，而投资所换取的回报就是将来可以拥有健康的身体。如果我们能够在喝水前认真地思考"应该喝什么水、喝多少、什么时候喝，才能使未来的自己变得更加健康"，那么这种投资就会变成一笔精明的投资。在此次投资中，我们所消耗的资产就是整个思考的过程。查阅资料、认真比对、深思熟虑、做出决定——这些辛劳的付出，是为了换取更多的回报。

同理，思考吃什么样的食物、吃多少、用什么方法来烹饪才能使未来的自己变得更加健康，体形也更加理想，这当然也是一种投资。

除了食物和水的摄入，还有运动的习惯、睡眠时间的安排、面对工作时的态度、与他人沟通的方式、获取信息的途径和碎片时间的应用等。

只要我们在做决定前能够思考一下"眼前的选择将会对自己的未来产生怎样的影响"，那么这些就都可以看作一种投资。

放弃思考，活在当下，认为"只要享受眼前的快乐就够了"，这样的活法虽然更轻松，却只是在浪费自己宝贵的时间和金钱。

如果我们忽视了投资，那么我们所期待的未来将永远都无法到来。每天都在认真为自己投资的人和忽视投资的人，几年后必然会产生巨大的区别。

究竟怎样的选择，才能引领我们迈向那个令自己充满期待的理想中的未来呢？

当我们这样询问过自己的内心后，正确的选项一定会清晰地浮现出来。

冷静、理性、坚持不懈地去思考,这就是我们对未来的投资。

## ▶ 坚持习惯,从而成就未来

现在我们已经知道今天的投资能够改变未来,那么接下来,如何让明天、一周后、一个月后的自己继续为未来投资,把投资作为一种习惯坚持下去,这将是我们要面对的一个重要课题。甚至可以说,一颗能够坚持习惯的恒心才是成就未来的关键。

当我们开始思考自己理想中的未来,寻找通向未来的方法时,必然会逐渐开始为自己制定习惯或是规则。

从食物的摄入到生活作息,从时间管理到购物方式,还有闲暇时间的安排……当我们开始思考日常生活中的各个场景应该如何规划,并得出了自己的答案后,就必须再根据这些答案来为自己制定规则或是安排每天必须完成的任务,并且认真地遵守下去。

认真地遵守自己制定的规则。

一听到这句话，也许有的人会立刻在脑海中浮现出宛如苦行僧一般严苛的生活。然而事实上，如果我们所制定的规则真的是为了获得更好的未来，那么当我们把这些规则写下来后，往往会意外地发现现在的自己执行起来会感到十分舒适。不必痛下决心为自己加油打气，只要平时稍微注意一下就能够完成，并且很快会养成习惯。

例如，我每天必须遵守的就是"早上早点起床""一边听广播，一边跑步一小时""晚上五点以后不工作""晚饭后散步"。

这就是我为自己制定的规则，是我对未来的投资，也是令我能够每天开心生活下去的习惯。

## ▶ 在日常生活中应该注意什么

然而有一点需要注意的是，一定要不断地去修正这些习惯和规则。也就是说，它们不是"固定答案"，只是"当前合乎时宜的选择"。并不是说只要做出了决定，就可以停止思考，一辈子都要按照这个决定去执行。

我之所以这样说，是因为无论是我们自己还是我们所生活的世界，都在时时刻刻发生着变化。今天的我们总会比昨天学习到更多的知识和经验，思考得更多一些，年纪也要增长一些。与此同时，社会形势和科学技术也同样是瞬息万变的。

生活在这样的变化之中，我们一定要保持怀疑的态度，时常去思考有没有更好的方法或选择。怎样做才是对未来更好的投资？事物的优先级是否发生了变化？现在的这种做法真的没问题吗？……当我们在思考这些问题时，就获得了新的学习和试错的机会。新的想法和新的尝试，都会接连不断地充实我们的人生。

而我们就是这样通过一次次的尝试，来寻找对现在的自己来说最合适的规则。

甚至可以说，我们应该抱着一种"每天都要对规则进行修正"的心态来生活。

有些人可能会怀疑，这种能够随意更改的规则究竟还有什么存在的意义？然而即便如此，拥有这样一枚指针依然会为我们的生活带来巨大的改变。因为规则能够反映出我们究竟在做怎样的尝试，以及在生活中会注意哪些方面。

我也时常会对以前的自己和自己所制定的规则产生怀疑，不断地质问自己这是否真的是最佳选择。

因此，我也常常会改变自己的规则。有的时候，明明昨天还认为这样做是正确的，今天却又觉得有哪里不太对，每当此时，我就会决定从明天起尝试新的规则。改变自己制定的习惯不仅不会使我感到难受，反而会使我感到很开心，因为这意味着我找到了更好的方法。

这就导致五年前的我和现在的我，无论是想法还是生活方式都可以说是天差地别。每天改变一点点，积少成多，等到某一天回首过去时，我们就会发现自己已经和原来大不相同。

除了习惯，我也经常会改变自己的想法。当我发现"以前的自己之所以会这样想，是因为学习的知识不够多"的时候，就会当机立断地放弃原来的想法。

这样做的确需要勇气，但即便有人指责我说"你现在说的话怎么和昨天说的不一样"，我也能够堂堂正正地反驳他"因为我比昨天更加成熟了"。

因此，本书也绝对不会只向读者介绍唯一的一种方法论，让读者直接照着去做。

世界上没有唯一的标准答案，而是可能存在100种、200种，甚至是1000种答案。如果人生有标准答案的话，生活可能会轻松许多，但是很遗憾，这样的好事并不存在。几点起床、吃什么、看什么样的书，都可以自己来选择。收入水平如何、和哪些人交往，这些也都没有固定的标准。

对我们来说，最重要的就是自己去寻找答案。

每当我们找到了答案，都可以先暂且认为它是正确的，然后尝试着按照它去做，遵守并且坚持下去。

每天对自己的答案进行修正，这样才能够让自己迎来更加美好的未来。

## ▶ 投资，从关爱自己开始

前面我说过，投资就是"先思考自己想要的未来，再采取行动"。投资的对象并不是股票之类的身外之物，而是我们自己。我们应该先了解自己，深思熟虑，再面向未来采取行动。

换言之，"自我投资"应该是我们的第一份投资，并且是回报率最高的投资。比起资产的增加，我们更应该想一想如何去分配自己的"金钱""时间""注意力""精力"，来让自己更进一步。

首先，对自己进行管理才是最大的投资。健康且精力充沛地度过每一天，这才是一切投资的基础。

就算一个人拥有亿万的财富，要是他只能卧病在床，那他也无法随心所欲地去使用这些财富。当一个人内在的精神能量枯竭后，他就会丧失旅行的意愿。即使工作中遇到了再大的机遇，如果没有健康的身体和充实的内心，也无法将其转化为满意的成果。

我每天都会去调整生活，让未来的自己无论是健康状况、体力，还是身材，都尽可能接近理想的状态。这并不是单纯地希望自己能够长寿或是看起来更加年轻，而是想要一直保持自己能够照顾自己的状态。

我希望10年、20年后的自己依然有足够的体力继续工作，每天早上精神饱满地起床，心满意足地安睡。就算是年纪再大一些，我也希望用自己的双腿来行走，保持生活自理的能力。

这就是我为自己描绘的"理想中的未来"。

任何对自己的投资，都要先从"把握自己现在的状态"开始。

比如在工作方面的自我投资中，首先要分析现在的自己缺少哪些技能，跟理想中的自己相比差在哪里，还需要做些什么。从目标（理想中的自己）来反推，落实到今天的计划中。如果一个人的理想是参加国际性会议，但是现在自己的英语还只是日常会话水平，那他就可以在接下来的一年中每天早上花费一小时时间参加线上英语会话课程。

饮食、运动、睡眠等健康管理也是同样的道理。

首先我们需要把握现状，搞清楚自己是什么样的体质和身材，然后再去学习生活方面的知识，并在自己的身上尝试。把握现状、学习、思考、尝试、筛选——通过这样不断地循环往复，让自己更加了解自己。

股票投资其实也是同样的道理。当我们听了专家的讲解，阅读过很多相关的书籍，对瞬息万变的股市风向保持足够的关注以后，才能够最终取得收益。如果我们对自己的投资对象不够了解，没有提前做好功课，就不可能在投资中获取回报。

## ▶ 调整自己的饮食习惯

在健康管理中,首先应该考虑的就是饮食。身体这一资本就是由饮食构建而成,同时饮食也是我们生活的基础,因此保持好的饮食习惯非常重要。自己来规定每天吃什么,什么时候吃,如何吃,吃多少,然后持之以恒地坚持下去。这种固定的生活模式也会让我们的内心保持稳定。

首先,我们应该通过可靠的途径来获取关于饮食的知识,这一点非常重要。

可以咨询专业的医生,也可以去图书馆阅读关于食物过敏或是营养学的书籍,还可以记录自己每天摄入的食物和身体状态,或是利用手机软件计算自己摄入的营养。注意不要见到什么就去尝试什么,而是要选择一些比较科学、有医学根据的做法。

在不断修正饮食习惯的过程中,要注意观察身体给出的信号，它会告诉你"吃了这个的话健康状态就会发生这样的变化""晚饭在这个时间前吃完，第二天早上就不会感觉难受""米饭别超过这个量"。养成每天早晚称量体重的习惯也非常重要。找到对自己身体的负担最小，能够保持最佳状态的饮食习惯，这就是当下最合乎时宜的答案。要记住，今天的一顿饭，会铸就自己几年后的身体状态。

健康管理方面的投资不存在唯一的正解。每个人的体质、生活方式、理想的状态都各不相同，只有逐个尝试，寻找对自己来说最舒适的做法，才能够最终得出答案。

既然是投资，那么总会有失败的情况出现。有时我们也会发现自己尝试的做法并没有带来好的效果。

但我们也可以从失败中获取经验，立刻转换方向尝试新的做法。这就是对自己进行投资的一大好处——即使失败了也可以立刻卷土重来。而且这与金融类的投资不同，只要我们在投资前做过一定的功课，就几乎不会出现什么大的亏损。

我从30多岁的时候就开始坚持做这种生活方面的投资。因此无论是饮食、睡眠，还是运动，我都为自己制定了很多习惯。享用当季的食材，晚饭后散步会使身体状态更好等，这些都是我一点点为自己找到的答案。

或许正因如此，现在我上了年纪后，虽然专注力和反应速度会有些许下降，但身体素质还跟以前没有多大区别，依然精力充沛，没有发胖，也不会因疲惫不堪而倒下。

并且，由于我坚信未来是由每一个"今天"堆砌而成，在做任何判断时都会先思考其对未来的影响，所以我的生活也变得更加精致。

例如，当我还是《生活手帖》杂志的主编时，无论多么忙碌，多么专注于工作，我都绝对不会忽视自己的饮食，不会少吃任何一顿饭，也不会只顾着填饱肚子而忽略其他方面。

这是因为在我的心目中，吃饭要比工作更加重要。我之所以为自己定下这样的规则，是为了让未来的自己变得更好。如果健康受到损害，那么工作也将无法继续开展下去，这在我看来是理所当然的事。

不过，这也并不是意味着一定要像苦行僧一样遵守着戒律生活下去。有的时候，我也会突然想要偷懒一天。但即便如此，制定一套日常生活中应该遵守的规则，也能够为我们的生活指明方向。

在不给自己带来压力的前提下，想一想如何去规划自己的饮食、睡眠和运动。千万不要小看了这些日常活动，它们会对几年、几十年后的我们产生巨大的影响。

### ▶ 思考"做什么"的同时,也要思考"如何做"

前面我提到过,当我还是《生活手帖》杂志的主编时,无论多么忙碌都没有忽视过饮食。但我的意思并不是说从便利店买盒饭或者随便糊弄着吃饭就一定是错的,更不是说便利店里卖的东西对身体有害。

我只是单纯觉得购买应季食材,回家自己烹饪是一件令人享受的事情,所以才会选择这样去做。有的人并不这样想,甚至会觉得做饭太困难,令人感到痛苦。我觉得对这样的人来说,从便利店购买盒饭或是其他熟食也并没有什么不好。

听到我这样说,大家可能会感到有些惊讶。但事实上,食物对身体是否有益,很大程度上取决于吃饭时的心情和食用的方式。也就是说,"如何吃"要比"吃什么"

更加重要。

"做什么"和"如何做"——当我们在做任何事情时，都应该同时去思考这两个方面。

一般来说，绝大多数人都只会关注"做什么"（具体的事物或行为）。例如"蔬菜"应该多吃，"零食"应该少吃，"书"要多看，"电视"要少看。

一味地关注"做什么"，的确非常简单明了，但这样一来我们的注意力就全都放在了事物的选择上，很容易陷入极端的误区。

事实上，"如何做"要比"做什么"更加重要。

应该"如何吃饭"，应该"如何读书"，应该"如何看电视"，这才是我们最应该思考的问题。

打个比方，相信大家都听说过"看电视有害"这样的论调。但这种观点未免有些武断，会令我心生怀疑，想要进一步去思考"如何看电视"是有害的；反之，"如何看电视"则是有益的。

让我们先将"看电视"的对象定义为"电视剧"。

如果只是一整天都躺在床上懒洋洋地看电视剧，的确很难称得上是一种高明的时间利用方式，充其量只能算是逃避现实或是打发时间。

但如果是认真地观剧，并且将自己的观点写成剧评公开发到网上，那么或许也可以成为一种很好的输出方式。这样既能够加深对剧情的理解，又能够为其他人提供参考，积累起来还能够成为自己的一笔财富。

再或者，认真观剧的人可能还会被剧中优秀的配乐所吸引，然后再去查作曲家是谁，购买作曲家的其他专辑，前往音乐会的现场，打开新世界的大门。在那里，还可能会遇到改变自己人生轨迹的人。

像这样，同样是看电视剧，只要将关注点放在"如何看"上，就会将浪费转化为投资，得到截然相反的结果。

不要光去思考"做什么"，更要关注"如何做"。这样为自己制定规则，就可以把一切行动都转化为对自己的投资。

无论是营养多么丰富的蔬菜，如果只能不情不愿地吞下去，那身体也吸收不到多少营养。

无论是买了多么好的床，如果只能忧心忡忡地迎来夜晚，那也无法获得香甜的睡眠。

无论是在多么高级的健身房办了会员卡，如果一个月只去一次，那身体状态也不会得到改善。

如果只去挑选"做什么"，将会难以获得理想的效果,所以一定要记得去思考"如何做"。

大家可以从现在开始,试着在自己的工作和生活中实践这种投资方式。

## ▶ 想一想自己能够从中学到什么

健康管理方面的投资就先说到这里，我们再来讨论一下其他重要的投资。

接下来我要讲的投资就是"学习"。所谓学习，就是知道了自己以前不知道的事。通过学习，我们也会变得与以前不同。

持续学习是人生的一个重要组成部分，也是我们成长的原动力。因此，每当我打算做什么事情时，都会先想一想自己能否通过这件事学到些什么。

学习，并不是单纯指书桌上的学习。

在自己兴趣的指引下深入地去了解某个事物、和各种各样的人聊聊天、去自己没有去过的地方、尝试全新的体验、在休息日逛一逛美术馆、去遥远的异国旅行……这些都是学习的机会。满足自己的好奇心，每天都学习一些昨天还不知道的新知识，这样我们未来的道路也会变得越来越广阔。

学习的对象是无穷无尽的。为了快速拓展自己的兴趣，我建议大家可以去读读报纸。

在各种各样的媒体中，报纸所包含的信息量可以说是一骑绝尘。其他的媒体都无法做到像报纸一样网罗各类话题，反映社会的各方各面。

然而与此同时，这庞大的信息量也容易使人望而生畏。在忙碌的日常生活中，想必也没有人能够认认真真地把一份报纸从头读到尾。

在这种情况下，可以先从标题读起。一边翻页一边阅读标题，大致了解报纸中所涉及的话题和内容，将其粗略地浏览一遍。

在浏览标题的过程中，应该就会被自己感兴趣的话题所吸引，然后再去阅读正文的内容。如果还想了解更多相关内容，可以去找一找信息的源头，或者去图书馆阅读专业的书籍。

这样一来，我们就通过报纸推开了学习的大门。

## ▶ 让"学习"成为一种"娱乐"

只要每天都学习一点点，我们所掌握的知识就会一天比一天丰富，头脑也会一天比一天聪慧。

然而令人感到不可思议的一点是，我们越是学习，就越会觉得自己无知。当我们发现自己不了解的事物还有如此之多后，我们的好奇心也会变得越来越强烈。

"无所不知"是一个难以达到的境界。正因如此，我们才会说学无止境。反过来说，如果一个人不去学习新的知识，那他也根本就看不到自己的无知。

例如，我从 30 岁出头的年纪就开始坚持学习日本史和世界史，到现在已经坚持了 20 多年。

历史就是这样一个学无止境的领域。一个人就算穷极一生，也无法熟知所有的历史知识，并且越是学习，就越是会发现更多自己"不知道"和"想要知道"的事。

我迄今为止已经读过了数不清的历史书，请教过许多在历史方面有所造诣的人，学习了不少的历史知识。但是随着我学习的知识越来越多，我也越发深刻地感受到了自己的无知。每当此时，我都会备受打击，但我又觉得这种打击正是自己热衷于求学的动力。

许多企业经营者和团队负责人都喜欢学习历史，这或许是因为古往今来，人类的行为模式和心理都没有发生过改变。无论是在江户时代，还是在令和时代，无论是在欧洲的小国，还是在日本，人的本质都是同样的。

国王做出过什么样的决策，某个国家经受过怎样的失败，民众是如何推动了历史的发展……我们能够从各种各样的历史事件中吸取经验，运用到自己的工作和人生之中。

当我们对某项事物抱有强烈的兴趣，输入了各种相关知识后，这种感觉渐渐地就会超出学习的范畴，变成一种娱乐。

学习新知识、满足好奇心的过程会为我们带来无穷的快乐，而学习和娱乐的界限也开始逐渐变得模糊起来。

有的人想要学习经济学，有的人想要了解现代艺术，有的人想要研究传统技艺，还有的人只是最近在新闻中看到了某家企业，想要查询相关的信息……像这样，人们感兴趣的对象总是无穷无尽。虽然有的时候，我们也的确需要仔细想一想学习哪些事物更有助于自己的成长，但是像这样单纯地去满足自己的好奇心和求知欲，也同样能够使未来的自己变得更加幸福。

## ▶ 在输入知识的过程中获得新发现

当我们不断地向脑海中输入关于同一主题的知识时，某一瞬间，脑海中的知识点会突然串联起来，使我们一下子豁然开朗。"原来如此！××就是指××××啊！"——事物的本质就这样转换成了语言，从我们的脑海中涌现了出来。

这样的"顿悟"就是只属于我们自己的新发现。学习如若达到了这一境界，就绝对可以算作一种优秀的自我投资。

我在20多岁的时候曾经拥有过很多闲暇时间。当时我在工作上也没能为社会做出什么大的贡献，只是一个"高中退学跑去了美国"的毛头小子，很少会被人留意到。

这种状态令我感到十分郁闷。为了让时间充实起来，我看了很多电影，也读了不少书，而就在这一过程中，我迎来了几次"顿悟时刻"。"原来电影是这样一种娱乐方式啊！""原来经典名著是指这样的作品啊！"……类似这样的发现，或者说是"灵光一现"，让我从学习中获得了巨大的成就感。

为了忘记烦恼所做的大量输入，让我抓住了事物的本质。虽然当时的我还并没有投资的意识，但是我却能真切地感受到那段时光成了我人生的一块基石。

"大量的输入能够带来新发现"，这就是20多岁的我发现的一条新规律，而这条规律现在也仍然会派上用场。

例如，之前出于机缘巧合，我开始着手拍摄一部纪录片。

由于我之前并没有拍摄电影的经验，因此接受委托时难免有些惶恐不安。但是我知道"大量的输入能够带来新发现"，所以我决定先从观看大量的纪录片入手。从经典作品到近期的新作品，我把这些数不清的纪录片一部一部地认真看完，并且相信只要这样坚持输入下去，一定能够从中总结出规律，获得新发现。

就这样，不知观看了多少部纪录片后，我突然就悟出了"纪录片"的本质，发现"原来纪录片就是要这样拍"。纪录片究竟是什么，需要包含哪些要素，用什么样的拍摄手法去表达……明白了这些以后，我终于能够胸有成竹地开始工作了。

据说伊丹十三在拍摄自己的处女作《葬礼》时，也曾经看完了所有日本的经典影片，并且从中领悟到了使电影受欢迎的关键要素——"有趣且有用"。这就是他在大量输入中获得的新发现。

当我还在做《生活手帖》的主编时，也曾经一天到晚都在思考与杂志有关的事，在生活中不断输入知识和经验，直到某一瞬间突然顿悟——"原来杂志内容选材的关键在这里！"这样的新发现就是建立在知识的积累之上。找到了规律后，我就修改了杂志的内容编排，使销量有了很大的飞跃。

每当我开始新的学习时，都会先做大量的输入，直到获得这种顿悟的感觉为止。这样自己获得的新发现会伴随我们一生，成为只属于我们自己的宝藏。

这一点不仅适用于电影等创意创作类工作，还可以应用到所有工作的学习之中。只要我们有目的地认真做好投资，灵感就一定会在某个瞬间突然降临。

大量地投入时间，就能够换来顿悟。这种只属于自己的"成果"，将会成为我们个性的组成部分。

## ▶ 从厉害的人和前辈身上吸取经验

邂逅很多的人，接触各种各样的价值观，从他人身上吸取智慧，见识不同的活法……这样的学习也会对我们未来的人生产生极大的影响。只要是使自己成长的过程，都可以算作一种投资。

20多岁时的我曾经因为高中没有毕业而感到十分自卑。当时的我既没有学历，又没有文化，也没有资格证书，觉得非常抬不起头。但我总觉得正因如此，我才应该从厉害的人身上多多学习，从出类拔萃的前辈身上吸取经验。

那么，当时的我是如何去做的呢？我为自己定下了"每天结识一个人"的目标，并且积极地行动了起来。我的想法是，每天认识一个人，一年就能够认识365个人，这样就能够吸取到365份经验。

就这样，通过自己的主动出击和别人的介绍，我邂逅了重要的朋友，也认识了很多值得尊敬的前辈。他们中有的人为我打开了新世界的大门，有的人让我看到了自己梦寐以求的活法，有的人让我学会了理财的方式。不知用"正中下怀"四个字来形容是否合适，但一切如我所愿，我从他们身上的确学到了许多东西。

当然，现在的我已经不再想要漫无目的地去认识更多的人，因为我已经找到了自己为社会做出贡献的方式。

以前的我不知道该去哪里寻找活下去的希望，也不知道该如何取悦自己周围的人，因此拼命地想要成为一个"对别人有用的人"。

同时，我也想从周围的人身上学到一些东西，填补自己在学历方面的自卑，更希望能够找到自己理想中的价值观。

而我也成功地做到了。在邂逅了许许多多的人，并且跟他们交谈过后，我的价值观也渐渐地变得清晰了起来，明白了自己为什么会对某种人生产生憧憬，喜欢什么样的生活方式，想要如何去安排自己的人生。而这些也直接造就了现在的我。

还有一些事情我当时并没有放在心上，过了几年、十几年后突然回想起来，才发现"啊，当时认识的那个人在理财方面很有一套啊"，然后把方法借鉴来应用到了自己的身上，这也是常有的事。

如今我已经年过50岁，但依然觉得自己在20多岁时能够与这些人相识，并且从他们身上学习到知识，是极为宝贵的经历。

## ▶ 行万里路和阅人无数，都是学习的途径

对我来说，旅行的目的就是"与他人邂逅"。换句话说，我交朋友的方式之一就是旅行。

我的旅行方式或许稍微有些独特。

当我抵达一个新的城市时，并不会直接跑去逛旅行指南上介绍的景点，而是会先为自己找到一个居住地，然后尽可能长期地在那里逗留，认识住在那附近的人，跟他们成为朋友。接下来，再从他们那里学习有关这个国家的知识，听他们介绍这座城市里有趣的地方，直接接触当地的文化，输入新的价值观和见解。

这样落下脚来居住一段时间，就会和当地的居民建立起比普通游客更牢固的联系。虽然我不会说当地的语言，但是只要抱着友好而开放的心态，用几句磕磕巴巴的英语也能够意外地沟通成功。这也是我在旅途中获得的新发

现——语言不流畅也没关系，只要发自内心地想要跟对方沟通，就一定能够传达得到。

就这样，20多岁时的我邂逅了许许多多的人。

我觉得他们都比我更优秀，也发自内心地尊敬他们。我从他们每个人的身上都学到了知识，感觉到自己在不断改变，每天都有所成长。

当时的我每天都满怀期待，好奇今天会遇到什么样的人、学习到什么知识、获得怎样的成长，日子过得饶有趣味。

当你不知道自己擅长做什么，找不到前进的方向时，不妨先多认识一些人，跟他们成为朋友，尊重他们，从他们那里了解各种各样的价值观和人生。然后再将这些都化为己用，接受他人对自己的影响。

这种"人际关系的输入"也是一种重要的学习途径，会为我们的未来奠定基础。

## ▶ 20多岁时的投资造就了30多岁时的我

20多岁时大量输入的知识，让30岁后的我在工作中获益良多。经过了将近10年的填充，我的知识抽屉已经几乎处于饱和的状态。

无论是当我开了一家小书店的时候，还是当我写文章赚钱的时候，只要把手伸进这个抽屉里摸索一下，就能找到许多想要对外传达的东西，灵感也会源源不断地喷涌出来。

某部电影的某个场景教会了我们什么样的道理，有能力的成年人会如何理财、如何行事，某个国家有着什么样的文化，好的杂志和好的书籍应该是什么样子……

不知不觉中，我的头脑里就建立了这样一个庞大的知识库，就算是不断地对外输出也从来不会枯竭。

当时的我每个月要在15个杂志专栏中写连载，几乎每天都是截稿日期，没有什么休息的时间。但就算是没有时间输入知识，我也从来不会因写不出东西而烦恼。

20多岁时的我绝对想象不到自己三四十岁时会去做这样的工作，但是当时为了填补空白时间而学习的知识却已然成为一种"对自己的投资"。

对自己的投资，才是回报率最高的投资。这一点，我可以完全确信。

# 第 2 章

# 投资前需要了解的金钱知识

## ▶ 用来投资的"资本"——金钱的本质

在第 1 章中,我主要是想告诉大家"投资自己比投资金融产品更重要"。在赚钱之前,一定要先找到自己的爱好、人生方向,更要调整好一切活动的基础——身心健康。

具体的内容还包括:投资的本质就是思考未来;投资的第一步是养成一些有益健康的习惯;要把时间投资到能让自己成长的学习中;学习不仅可以满足自己的好奇心,还会对事业有所助益;与人的相遇和旅行都是学习的机会,应该坦率地去接受周围人所带来的影响。

相信大家也已经明白,这些都能够帮助我们去塑造出未来那个理想中的自己。

我并不打算在这本书中谈具体如何去投资金融产品。面对这种每天让心情忽上忽下的金钱游戏,我基本上都是持反对态度的，觉得把时间和金钱投入进去是一种浪费。

就算是能够一本万利，躺在家里把钱赚到手，这种不费吹灰之力就得来的钱也无法换来幸福，更不会让我们自身得到成长。当然，我也知道专业的投资家都付出过努力和辛劳，但是像这样的成功案例也只是凤毛麟角。

那么，我们可以不把钱放在心上吗？

当然这也是不行的。每个人想要生存下去，都至少需要拥有一定数额的钱才行。更何况，"金钱"和"时间"都是我们用来为自己投资的资本，也就是用来创造更多价值的财产。

那么，让我们先来思考一下关于钱的问题。

对我们来说，"钱"究竟是一种怎样的存在呢？

没有仔细思考过这一问题的人，可能会单纯地认为钱就是一种工具，可以用来换取自己想要的东西。他们会觉得钱可以用来满足自己的需求，所以拥有越多的钱，就可以生活得越自由、越幸福。

然而事实上，钱并没有这么简单。

我认为钱不是用来满足欲望的工具，而更像是一种"票据"。当我们想要获取什么东西时，就会被要求出示票据。不仅如此，票据上还盖着代表"信用"的印章。每个人所能够拥有的票据数量都是根据其信用来发放，可以在数额的范围内自由使用。1000日元的纸钞就相当于1000分的信用，而10 000日元的纸钞就相当于10 000分的信用。

那么，"信用"的印章是谁盖上去的呢？答案是社会。而我们所有人都是社会盖章的对象。拿到了这张"票据"，就意味着社会在对我们说："你值得信赖，请你自由地去使用。"

我们时常会看到"钱的本质就是信用"这种说法，这其实意味着"你花钱的方式值得信赖"。就像著名演员会接到数不清的邀约一样，钱也会集中到会花钱的人手里去。

## ▶ 积攒信用

社会时刻监控着我们，看我们如何去使用这些"盖有信用印章的票据"——在使用前有没有认真思考？有没有用它来让未来变得更好？使用时是不是只考虑了自己，有没有为他人和社会带来助益？兑换的东西是不是很快就会失去价值，有没有深思熟虑后再做选择？

如果上述这些问题的回答都是"有"，那么信用就会累积。而一个人积攒的信用越多，就会获得越多的票据。从 10 张到 20 张，再到 50 张，直到成为大富豪。

那些拥有巨额财产的人，就是拥有许多这种"盖有信用印章的票据"。他们往往会为了自我提升、社会贡献，或是为了自己公司的员工来使用这些票据。

反之，如果将票据花在了价值很低的事物上，就会逐渐失去社会的信用。一旦社会认为"就算把钱交给这个人，他也不会用来做有意义的事"，那么发放给这个人的票据就会减少。

假设一个人本月收到了 10 张票据，如果他把这些票据都花在了毫无意义的事或是自我享乐上，那么社会就会给他贴上"NO"的标签。在不远的将来，发放给他的票据就会减少到 5 张。如果他还不加以改正，而是继续一条路走到黑，那么票据的数量还会继续减少到 3 张，甚至最后变为 0 张。

社会的目光锐利无比，在其注视之下，无论是钱的用途，还是人品，都绝不可能有半分弄虚作假。

从现在开始，希望大家在花钱之前能够先好好思量一下，这笔开销是否会有损自己的信用。

## ▶ 重新思考一下工资的支配方式

同理,大家从公司领到的工资也会因支配方式而出现增减。在每个月的发薪日,这些"票据"都会汇入我们的银行户头。而如何去使用这些票据,则会影响我们未来能够获得的票据数额。

如果大家像我在第1章中所说的那样,把票据用在自己每日的健康管理上,那么平时就能够拥有良好的身体状态,精神饱满地投入到工作中去。

如果用这些票据来提升工作技能,那么工作上的表现就会变得更优秀,取得更多的成果。

如果用这些票据来看书和电影,输入更多的知识,那么学习的积极性就会增强,社会贡献意识也会有所提升,整个人的视野都会变得开阔起来。

当一个人发生变化时,这种变化也会自然而然地体现在花钱的方式中。如果一个人把"票据"用在好的投资上，那么社会也会判定"这个人值得信任"，进而给他分配更多的"票据"。

因此，觉得自己工资太低的人应该先反思一下自己花钱的方式，而不是赚钱的方式。每个月手头剩下的为数不多的钱应该花在哪里？能不能找到更有意义的花钱方式？怎么花钱才能和周围的人共同分享快乐？只要大家用这种方式去思考，慢慢解决这些问题，那么社会就一定会分配给我们更多的"票据"。

如果光是用票据去满足自己的欲望，那就跟直接扔掉没有任何区别。请大家铭记这一点：用票据来投资自己。

话虽如此，票据也并不是越多越好。事实上，一个人手中掌握的票据越多，就越难以找到好的支配方式。

将社会托付给我们的票据持续地投资到有意义的事物中，让自己的支配方式得到社会的认同，这其实是非常令人伤脑筋的难题。因此，并不是说当一个人拥有的票据越多，他所获得的幸福就会越多。

一般意义上的"有钱人"，是指那些积极地去为社会发放给自己的票据找到更好的用途，并且在这个过程中感受到快乐的人。他们不会随心所欲地浪费金钱，而是背负着一定的社会责任。

　　我身边的富豪们也同样总是在思考"如何去使用自己的资产"。他们不是只为了满足一己私欲，而是会不断地摸索更好的使用方式。抱着这种想法去使用票据的人越多，社会就会发展得越快。

　　钱的有趣之处在于，只要不使用，就不会产生价值。现在躺在你钱包里的1万日元钞票并没有1万日元的价值，顶多算是一张价值20日元的印刷品。

　　然而，当你把它从钱包里取出来，打算使用的瞬间，这张纸就会一下子变成价值1万日元的"纸币"。

　　只要你使用它，它就有1万日元的价值。

　　如果你不去使用它，那它就只有20日元的价值。

　　正因如此，"如何去使用"才是对我们的考验。

## ▶ 收入的多少是由感动的量来决定的

话说回来，我们所获得的收入——"盖有信用印章的票据"究竟是用什么换取的报酬呢？为什么工作就能够获得金钱呢？

答案就是，因为工作能够为他人带去感动。

收入的公式其实是"感动×受到感动的人数"。因此，你的工资是增加还是减少，直接取决于你在工作中"为多少人带去了多少感动"。这与你花费在工作上的时间、努力，以及运气的好坏无关，而只在于你让多少人感受到"好厉害""好开心""好便利""好有趣"，与你所带去的感动的量成正比。

专业的运动员之所以能够获得巨额的报酬，就是因为世界上有许多人被他们的竞技所折服。"深刻的感动×全世界的人"，二者相乘后必然会得出庞大的数字，因此他们才能够获得如此高的收入。这就是世界的运作原理之一。

那么，是不是只有运动员或是艺人这种引人注目的工作才能给别人带去大量的感动呢？事实也并非如此。就算一个人没有站在聚光灯下，只是做着默默无闻的工作，也同样能够感动别人。

为了达到这一目的，请大家从明天开始改变自己的工作方式。不要直接去想如何给全世界带来感动，而是先从自己周围的人入手。

感动的多少，并不是由工作的内容决定，而是由一个人对待工作的态度来决定。因此，请大家先努力去把自己的工作做好。

无论是提案、沟通、生产施工、接待顾客，还是商品的质量管控，只要工作能够完成得足够好，就能够为职场的同事、合作伙伴和顾客带来感动。只要得到了他人的认可，就算不更换工作，获得的"票据"也会变得越来越多。例如，我以前就做过大楼的保洁工作，只要保洁工作做得足够认真、彻底，也为他人带去感动，就能获得赏识或是提拔，从而得到更高的收入。

请大家静下心来仔细想一想，自己现在的工作为别人带去了多少感动，获得了多少收入。在真正开始投资之前，我们必须先了解世界的这种运作原理。

## ▶ 消费、浪费、储蓄和投资的平衡

那么了解了世界的运作原理后，请大家再具体地去思考一下钱的收入与支出。

在公司就职的人，每个月都会拿到差不多的薪水。即使是没有固定收入的自由职业者，也大概知道自己接下来几个月会有多少收入。我们要做的，就是决定如何用有限的钱来对未来进行投资。

钱的用法一共有四种，那就是"消费""浪费""储蓄""投资"。

消费——房租、伙食费、电费、取暖费等生活所需的必要支出。

浪费——无目的的冲动型支出。

储蓄——存款。

投资——为未来所做的支出。

首先，我们需要想清楚自己有多少钱可以用于投资。从每个月的收入中减去"消费"和"储蓄"的金额，剩下的就是自己可以随意支配的部分。

先来算一算自己每个月的"消费"是多少。例如，当一个人月收入是20万日元时，他每个月的"消费"应该控制在多少才比较合适呢？

每个月10万日元的房租太高了，可以租5万日元的房子。那伙食费大概多少才够用？消耗品和日用品又需要多少？这些都需要我们把发票攒起来，累积几个月后再计算平均数额。如果发现消费的金额有些偏高，就得再找一找有没有可以节约的部分。

通过这种方式，就能够计算出自己每个月的必要支出有多少。

还有的人会有"储蓄"的需求（关于储蓄，我将在下一节详细谈一谈自己的看法）。有了存款后，万一无法工作或是遭遇了意外事故，生活也能够得到保障。大家可以为自己定一个目标金额，比如半年的收入或是一年的收入，然后每个月都坚持存钱，直到达成目标金额为止。

用"收入"减去"消费"和"储蓄",剩下的钱就是我们可以自由支配的部分。这些钱是用来投资还是用来浪费,都可以自己来做主。

## ▶ 当你想要更多的收入时

如果想要更多的钱用来投资，有两种方法可以选择，要么减少"消费"和"储蓄"，要么增加"收入"的金额。

首先我想明确一点，那就是对不同的人来说，其所需的必要收入也有所不同。每个人的价值观都不尽相同，这一点自不必说。除此之外，年龄、家庭构成、居住地等因素都会影响一个人对收入的需求。

因此，月薪100万日元的人并不一定就能比月薪20万日元的人拿出更多的钱去投资。当一个人觉得每个月20万日元就足够生活时，20万日元对他来说就是"合适的收入"。

但有些人即便明白这个道理，还是希望自己的月薪能够达到100万日元。那么这种情况下该怎么做才好呢？

我觉得此时应该先把自己想要更多钱的理由用文字

清晰地总结出来，然后再去朝着目标努力。如果说不出什么具体的理由，只是觉得钱越多越好，那这种想法充其量只能称为欲望。要是一个人不知道自己想要把钱花在什么地方，也不知道自己想做什么样的消费和投资，那么就算他每个月真的能收入 100 万日元，也算不上是"达成了目标"，只是"丧失了目标"而已。

想清楚自己为什么需要更多的收入之后，才能进入下一步。

在这一步中，我们首先需要思考如何做才能使月薪从 20 万日元增长到 30 万日元。接下来，再去想一想如何对自己进行投资才能拿到 50 万日元，甚至是 80 万日元的月薪，制订出具体的计划。

如果需要跳槽去其他行业的话，应该考取什么样的资格证？是否需要报班学习？

如果决定在当前就职的公司里升职加薪，那么就得想一想如何做才能给周围的人带来更多的感动？是学习英语和会计来提升自我，增加自己的贡献度，还是掌握一门特殊的技能，让自己成为不可或缺的人才？

像这种为未来所做的支出，都可以称作投资。而我们就是要一边对自己投资，一边努力赚取更多投资的本金

（收入）。

遗憾的是，没有人会手把手地教我们"怎样做才能赚取更多的收入"。这一点没有人能够做得到。如果有人声称自己可以教你，那么他要么是在骗你，要么是想从你身上赚钱。

唯一的方法就是自己思考，自己学习，然后再自己去试错。

这就是投资的基础。

## ▶ 39岁以前，投资自己比存钱更重要

我们应该用收入中的多少去消费，再用多少去投资，这个问题没有唯一的正确答案。

同样的道理，一个人应该有多少存款，答案也不是固定的。只是在现代社会中，我们永远无法预测接下来会发生什么事。万一我们失去了收入来源，存款就能够发挥巨大的作用，可以帮助我们渡过危机，不必向他人开口借钱。因此，一定数额的存款还是很有必要的——这一点我也曾说起过，还有许多理财类的书籍都有所提及。据说，理想的存款数额应该是自己年收入的一半，这样才会比较放心。

而我个人认为，人在39岁以前并不需要这么多的存款，与其把多余的钱存起来，不如用在投资自己上。或许，正是这种大胆的观念让我得以迅速地成长起来。

"不需要存款"这种说法听起来可能有些极端。但是对年轻人来说，相比之下，把钱用在自我投资上绝对会在未来获得更高的回报。

年轻人的精力和体力都十分充沛，像一张白纸一样更容易吸取经验教训，注意力更集中，行动能力更强，未来也拥有更多的可能性。如果一个人能在这个年龄段多投资自己，去学习、体验、成长的话，那么他在几年甚至几十年后，一定会距离自己的理想更近一些。

因此，我觉得把打算存起来的钱用在投资上是一个不错的选择。毫不客气地说，年轻的时候就算是存钱其实也存不了多少。把本来能够用来投资自己的钱都省出来存到银行里，也没有多大的意义。

当我们对自己进行了充分的投资后，到了40岁左右，身体就会开始走下坡路，我们就需要开始为可能面临的风险做好准备了。此时再以自己的年收入为目标开始存钱，就是一个不错的选择。

然而，存款也并不是越多越好。存款的数额过大，就意味着没有好好地为自己投资，因此大家平时也要多注意查看。

存款使人安心，所以它更像是一剂"定心丸"。药物不可贪多，还是适量为好。

最后我还想再重申一遍，每个人的经济条件和家庭状况都不同，所以不同的人适合不同的理财方式。有的人更容易感到不安，所以会想要早点开始存钱，还有的人想要给孩子更好的教育，所以想尽量多存一些钱。

但无论如何，一定不要盲目地去增加存款的金额。存款只是用来以备不时之需，最重要的还是去思考如何更好地投资。

## ▶ 为什么我不赞成投资金融产品

　　我在前文中说过，不建议大家去投资金融产品，但这也并不意味着投资金融产品就绝对是错的。如果是为了学习金融学，掌握社会与经济的动向，再或者为了支持某个企业而去投资股票和信托基金，这也不是什么坏事。我也曾因一些人或事而与特定的企业结缘，然后用投资来表示自己的支持之意。

　　但如果你的目标是赚钱，那我并不建议你去投资金融产品。虽然刚才我说过自己也投资了股票，但是我既没有看走势图的习惯，也压根儿没打算用股票来获取收益，甚至连买哪只股票，都不是我自己挑选的。有朋友来拜托我说"松浦先生，可不可以支持一下我们公司"，我就会点头说"好啊"，然后在自己力所能及的范围内伸出援手。真的完全就是随缘而已。

想要通过投资金融产品来赚钱，需要耗费大量的时间。基本上来说，如果你不是做日内交易，那么股票和信托基金之类的投资都要以20～30年这种长远的眼光去考虑。

把钱花在一眼望不到尽头的金融投资上，牺牲了眼前的快乐生活，也放弃了面向短期未来的投资，这可以说是本末倒置了。

就算一个人节衣缩食，把工作技能的学习和兴趣方面的学习全都抛之脑后，只靠投资来为三四十年后的生活做打算，他最终能够获得的也只有钱而已。而在这三四十年间，他自己却完全没有取得什么明显的进步。

更何况，最终得到了这样一大笔财产后，自己的身体可能也已经被病魔侵扰，无法从花钱中感受到快乐。

与其这样，不如从现在开始好好投资自己，期待一下几年后的自己会有多大的进步。与此同时，收入也会不断地增长，还会学到不少新知识。在年轻且精力充沛的年龄段选择投资自己，就能够获得各种各样的回报。与其去盯着股票的走势图使情绪大起大落，不如拿出这个时间来阅读一本书，这样还能获得更高的回报（当然，读书并不只是为了追名逐利）。

如果你想要赚钱,并且还处于能够努力工作的年龄段,那么我的建议是多去思考如何通过工作来为社会做贡献,而不是把目光放在金融投资上。

最理想的收益方式,应该是先规划自己5年后、10年后的职业生涯。然后以此为目标去投资自己,提升技能,获取知识,改变思维方式,在享受乐趣的同时拓展新的人生道路。

## ▶ 风险时代中的理财方式

现在的日本已经不再处于经济高速增长的时期,即使我们一步一步按照标准路线来规划人生,也不一定就能够安享晚年。

2020年以来,全世界的所有人都被迫参与到了抗击未知病毒的战争之中,而很多人的经济来源受到了威胁。我坚持认为,在这样一个充满风险的时代,"理财方式"就显得尤为重要。接下来,我想谈一谈当收入减少,工作的前景变得不明朗时,我们应该如何去做。

当我们在财务方面感到不安,收入有所减少时,第一步应该做的事就是"节约"。找到可以减少或是去掉的消费项目,缩减开支。先拿出一到两个月的时间,把自己所有的日常支出都记录下来,然后再从中找到可以缩减的部分。

缩减开支一定要控制在自己力所能及的范围内,千万不要把自己逼得太紧，否则很容易造成心理压力。当我们把自己所有的日常支出都写下来时，就已经迈出了面对现实的第一步。人有了危机意识后，每天的行为就自然会发生改变。

开始节约后，还有一点需要注意，那就是不能让钱变得"只进不出"。即使是在缩减开支的过程中，也要为钱找到最合适的花法。

换句话说，我们可以反省自己的"消费"是否合理，检查自己有没有"浪费"，从这些方面来缩减开支。但无论日子过得多么穷苦，都绝不能放弃对自己的投资。

回想起来，我无论在收入多么微薄的情况下都没有停止过自我投资，一直在坚持去旅行、读书、邂逅更多的人。甚至可以说，当时的我完全没有存过钱，而是把钱全都用在了投资上。直到我快要淡忘那段时光时，它却突然展现出了成果，向未来的我伸出了援手。投资终于有了回报，我收获了成长，也逐渐不再需要为钱而发愁。

决定好把钱花在哪里以及花多少之后，下一步就是开始计算，如果当前的经济形势持续一年的话，财务的收支情况会是怎样。

目前的收入够不够维持生计？如果入不敷出，那么财务赤字会是多少？用存款能否弥补缺口？需不需要变卖手头的金融资产？眼前的危机能否自然化解？如果不能的话，需不需要我们自己行动起来打破当前的局面？

这些问题都需要我们一个一个地去认真思考。

当我们发现自己的收入有所减少时，就应该立即着手行动。面对未知的未来，人很难提前做出应对，但是当我们已经看到了未来的走向时，应对起来就会容易许多。

尽早开始记录收支情况，就可以避免让自己陷入不安之中，这样我们也能趁着伤口还浅，早点将其包扎好。财务问题和疾病有些类似，早点去医院的话还能马上治好，一味地自我安慰，拖着不去治疗，就容易不知不觉地发展成重症。

越是生活在风险时代，越是遇到了危机，就越要保持冷静，尽早开始应对。"事不宜迟"四个字，大家可千万要记在心里。

## ▶ 如何才能获得钱的青睐

我经常会告诉别人,一定要跟钱搞好关系。只要跟钱搞好了关系,钱就会一直伴随在我们左右,在紧要时刻也会同我们站在同一战线上。

那么如何才能获得钱的青睐呢?答案就是先在脑海中把钱拟人化,然后用钱所喜欢的方式去使用它。就像我们在面对自己喜欢的人,或者是想要博取对方的喜爱时所做的那样,礼貌周到地去对待它。我们不会冷漠地去对待自己喜欢的人,因此同样也不要这样去对待金钱。我们会把自己喜欢的人介绍给其他重要的人认识,同理也要让钱和自己眼中重要的事物联系起来。

请大家回想一下自己做过的消费和投资,然后问一问自己,这样的使用方式能否换来钱的感谢?

除此之外,想要受到钱的青睐,我们还必须时常为钱而忧虑,从方方面面去反思自己的花钱方式,绝不可置之不顾。

人与钱的关系,就像人与人之间的关系一样。

为钱去忧心,为钱去留心,为钱付出真心,这样才能与钱建立良好的关系。

想要得到钱的青睐,最重要的还是认真面对自己的工作。"盖有信用印章的票据"就是通过工作来获得,一旦轻视了工作,钱也会从我们手心里溜走。

那么,怎样工作才能和钱建立良好的关系呢?答案就是三个关键词——"热情""行动力""忍耐"。

首先是"热情"。

一听到"热情"二字,大家的印象可能是"宛如燃烧般炽热"以及"不可控制"。但事实上,热情绝不是一种盲目的感情,而是一种为了实现理想中的未来而付出努力的姿态。从商业的角度来看,如果一个人确信自己的项目在未来会获得高价值的成果,因此不顾一切地向目标发起冲击,这就是一种热情的体现。

在谈生意的时候,对方经常会问"你有什么创意""制订了什么样的计划""这个项目会为我们带来什么好处"。但其实对方真正想知道的，是你对项目抱有多大的热情。"无论如何都不会放弃"——如此坚定的决心才能够打动对方，给对方带来感动。

热情既是对未来的期许，又是一种绝不放弃的使命感。当一个人无法燃起热情时，他对未来的愿景可能也有些模糊不清。此时，我们应该做的就是停下脚步，花些时间去认真思考。

其次是"行动力"。

在工作中，失误和纠纷往往是家常便饭。而越是在这种进展不顺利的时候，"行动力"就显得越发重要。

当工作上出现问题时，你需要花多久才开始采取行动？遇到大的失误时，我们难免会感到有些沮丧，但早点采取行动，往往会对事态接下来的发展产生很大的影响。

当我们在工作上出现了重大的失误，给别人带来了麻烦时，必须立刻赶到对方的身边，当面把事情解释清楚。有的人可能打算等相关人员到齐后，或者必要的资料都准备齐全后再开始采取行动，但其实这些都可以等之后再说，重要的是立刻采取行动。还有的人觉得登门道歉必须穿正装，这样才能凸显出诚意，但与其回家换衣服延误时机，还不如穿着身上的衣服直接去。

除了这样的危急关头，"行动力"也会影响我们平时的工作质量。

不要每天只在电脑前完成工作，尽量亲自去现场看一看，亲眼确认情况，亲口与他人沟通。这样展开了实际行动后，我们的工作质量也会有质的飞跃。

最后是"忍耐"。

在工作中，一定不要被冲动和感情所操控。越是迷茫，越是苦恼，越是愤怒，就越要努力去"忍耐"。

在这个世界上，有些人会认为自尊心很重要，工作中平白无故受了委屈就应该表达愤怒或者直接转身离开。但我的看法却有些不同。这样做的确会使自己感到更舒爽，但是对工作却没有任何助益。

以前，我曾经问过一名企业家"您觉得经营中最重要的是什么"，他给我的回答是"忍耐"。当时的我并不是很理解这个回答意味着什么。说句不礼貌的话，从他平时的工作风格来看，我根本想象不到他忍耐的样子。

然而后来，我从在场的其他人口中听到了这样一段故事。

据说这位企业家曾经负责接听客户的电话。漫长的电话内容全是蛮不讲理的投诉，而他只能没完没了地倾听这些牢骚和不满。但是他没有生气，也没有反驳，而是静静地听完了对方的抱怨，并且礼貌地予以回复，一直到电话的最后都在真诚地与对方沟通。

跟我讲这段故事的人对他感到十分钦佩，感叹道"他可真是太能忍了"。面对如此不讲道理的人，竟然能忍住不还嘴，要是换作自己的话绝对做不到。

想必那个客户把想说的话全都说完，有了倾诉的对象，最终也觉得心满意足了吧，甚至之后还可能会成为他们公司的常客。

这里所说的"忍耐"与一般的忍耐不同，更近似于"努力"。

不要想着去压抑自我、忍受痛苦，而是努力在原地多坚持一会儿。把忍耐看作努力，而不是压抑自我，这或许可以算是一个忍耐的小窍门。

还有一个说法是"愤怒会在 6 秒后消失"，因此大家也可以试着在生气时默数 6 秒；不要被冲动和愤怒所操控，使感情暴发出来。

我们在日常生活中，其实时常会遇到不礼貌的人或是不合理的事。在这种关头，每个人的心里都难免会起一些波澜，但此时我们可以劝解自己"人生在世，这种事情常有，不必挂怀"。

忍耐的诀窍，就是"努力坚持"和"找回冷静"。

"热情""行动力""忍耐"。这三者，是我们想要与钱建立良好关系时，不可或缺的三个要素。

无论是为了工作，还是为了与钱建立良好的关系，我们都应该坚定不移地沿着自己相信的道路前进，迅速地展开行动，并且努力坚持到最后。

## ▶ 爱惜物品

我不知道钱喜不喜欢我,但是我一直在努力让钱不要讨厌我。为此,我一直在努力工作,不乱花钱,总是告诫自己不要被物欲所吞噬。

除此以外,我对钱也会格外爱惜。因为我觉得如果我是钱的话,一定会喜欢那些爱惜自己的人。

例如,我从来都不会把钱包四处乱扔,即使是去神社参拜的时候也绝不会扔硬币,而是尽量减少冲击,温柔地让硬币落入钱箱。我觉得钱就像人一样,被别人粗暴对待后就会产生厌恶的情绪。

不仅是钱,我也会将其他物品拟人化。钥匙也好,眼镜也好,手机也好,我从来都不会把这些东西乱扔乱放(除此之外,还有一个原因,那就是我只会把自己珍爱的东西留在身边,所以必然不会粗暴地对待它们)。

这不仅是因为我想讨它们的欢心，还因为我对钱和物品都抱有感恩之心。

无论是钱，还是物品，都是能够帮助我们的道具。它们可以使我们成长，在关键时刻派上用场，为我们带来幸福感。因此，我一直都会怀抱着感恩之心来对待它们。

这和我儿时所接受的教育也有关系。小时候，每当我把钱四处乱扔，走路时跨过东西，或是粗暴地对待物品时，都会遭到父母的训斥。

父母告诉我，就像不能从人或是食物上跨过去一样，地上有东西时，也一定要绕着走，而不是直接跨过去；一定要爱惜物品，抱着感恩之心去细心地使用。

也许正是因为接受过这样的教育，我才自然而然地学会了现在这种与钱和物品打交道的方式。

## ▶ 如何用钱和时间来投资

你想如何去使用自己所拥有的钱和时间呢?

面对这个问题,我希望所有的人都能够给出自己的答案,并且这个答案一定要用自己的头脑去思考,让自己认可,还要持续地更新。

保持思考的习惯,就能够让时间和金钱成为自己的朋友。

对我们来说,金钱和时间都十分宝贵,缺一不可。虽然我在写这本书时,选择了大家比较熟悉的关于金钱的话题作为切入点,但是"如何去使用时间"和"如何去使用金钱"其实是同等重要的问题。

如果非要给这二者排一排优先顺序,那么比起金钱,我想我会更加珍惜时间。

只要努力工作,收入就会增加,就算不小心浪费了一些钱，损失了一些资产，也可以再从头努力，通过资本运作重新赚回来。

然而，无论一个人是多么富可敌国，都不可能买到更多的时间。在时间面前，每个人都是平等的。无论你是拼命工作，还是无所事事，时间都不会有任何增减。当一个人虚度了光阴以后，无论他有多么后悔，都不可能找回失去的时间。

正因如此，我才觉得时间要比金钱更加宝贵。当我们在思考如何投资自己时，"时间的分配"就成为一个关键。

我们最需要避免的就是时间的"浪费"。

将有限的时间白白浪费掉实在是太过可惜。我每次在行动前，都会尽量先思考一下现在自己应该做些什么、如何去安排时间才能对未来更加有益。

当然，这也并不意味着要以分钟为单位去精打细算。大家不必过度神经质，只要注意平时不要无意识地去浪费时间即可。

想要避免浪费时间，最有效的方法就是给自己制定一套固定的作息习惯。

我每年365天都是按照同样的节奏在生活：每天同一时间起床，同一时间吃饭，同一时间睡觉。

生活中的各类事务也同样如此。我每天早上开始工作，傍晚五点结束，把需要灵感的工作都放到上午去做。晚餐和家人一起吃，享受天伦之乐，饭后则一定会出门散步。

这是我做了各种各样的尝试，让大脑和身体不断磨合后得出的一套最佳的时间表。在那之后，我就一直按照这个节奏平稳地生活着。

遵守固定的作息习惯。

这看起来十分简单，却能够让我们一直保持着最佳的状态，并且有效减少因浪费时间而导致的后悔。

## ▶ 为自己规定一些不去做的事

钱和时间都是有限的，因此我们在投资前必须深思熟虑。如果没有意识到这一点，就很容易做出无目的或是冲动性的"浪费"行为，大家一定要多注意。

为此，事先为自己规定好"不去做的事"就显得尤为重要。当我们想要更巧妙地去使用金钱和时间时，思考"不要用在哪里"要比思考"用在哪里"更容易一些。

为自己规定"不去做的事"，是高效投资的第一步。

日常生活中每一笔小的浪费最终都会积土成山，为我们带来无法挽回的损失。

让我们先来谈谈时间。"哪些事情是我们不应该浪费时间去做的？"面对这个问题，想必大家的脑海中都会浮现出一些自己无所事事打发时间的场景，或是明知毫无意义却仍然忍不住去做的事情。请将这些都写到纸上，回想起所有自己想戒掉却又总是一拖再拖的行为。

例如，有些人总会在闲暇时间或是工作和家务的间隙时间中拿起手机，刷社交软件、打游戏来稍微打发一下时间，结果不知不觉就过去了30分钟或1小时。在现代社会中，这样的人应该有很多。

但如果我们为自己定下一条规定——"除了有明确目的的时候，绝不去使用手机"，那么事情是否就会有所不同了呢？

浪费在手机上的30分钟可以用来做很多其他的事情，比如用来读书，用来出去散步活动身体，用来给许久不见的朋友写信，用来提前预备烹饪的食材等。这样我们也会因为做了有价值的事情而觉得充实且满足。

同样的道理也适用于金钱。如果我们为自己规定"绝不冲动购物"，那么购物时的消费方式应该也会有所改变。就算在逛街时看到了喜欢的东西，也会冷静地放回货架上，回家仔细思考后再决定是否购买。

这样类似的规定还可以有很多，包括陪客户打高尔夫、无目的的聚餐、卡拉OK、垃圾食品、手机游戏、柏青哥[1]等游戏、社交软件、视频网站、瓶装饮料、大量囤货等。

现在你的脑海中或许已经浮现出了许多可以归类为"浪费"或是想要戒掉的事物。将这些令人产生罪恶感和悔意的惰性以及习惯戒掉后，我们可以支配的时间和金钱也会变得更多。

但是尽管如此，也没有必要把所有想戒掉的东西都列成清单，对自己太过严格。从数量上来说，在金钱和时间方面分别为自己定下2~3条规矩即可。

一点点戒掉这些事物，达成后再为自己订下新的目标，能做到这样循序渐进就很好。

人无完人，即使我们为自己定下了规矩，也很可能会有管不住自己的时候。

但是即便如此，提高这种意识也会为我们拴上缰绳，减少金钱和时间的浪费。

最需要注意的一点就是，当你有了多余的钱和时间时，也千万不能疏忽大意，放纵自己。

这里我所说的"多余"，并不是指中彩票赚了大钱或

---

1　Pachinko，一种具有娱乐与赌博性质的游戏机。

是放了长假这样的大事,而是钱包里突然多了一点余钱或者是一下子有了 10 分钟空闲这样的小事。

既然为自己规定了"不去做的事",就一定要努力去遵守,直到自己修改规定为止。

像这样坚决的态度也是很有必要的。

## ▶ 学会掌控时间

我一直希望自己能够掌控时间,想要获得更多可以随意支配的时间。反过来说,就是希望能够减少被他人掌控的时间以及被"不得不做的事"所占据的时间。

我的目标是让时间完全处于我的掌控之下,并且现在也正在为实现这个目标而努力。

当然,对在公司工作的人来说,想要百分之百让时间处于自己的掌控之下是很困难的。但是我们至少不能让本属于自己的时间被其他人和事摆布,在不知不觉中浪费掉。目前我能够真正做到"随意支配"的时间,也只有一天中的一半左右。

有了可以随意支配的时间后,我会尽量都用在"投资"上。有的时候用来埋头去做自己感兴趣的事,有的时候用来思考自己感兴趣的话题,还有的时候是用来挑战新的领域，学习更多的知识——这些都是用时间来换取各种经验，为自己的未来铺路。

那么，为什么我要把这些自由的时间用在投资上呢？在日本，人们会用"切开自己的肚子（自腹を切る）"来形容"从自己的钱包里掏钱"。用自己工作得来的血汗钱会比让别人出钱带来更深的体会，所以我认为自己掏钱这一点十分关键。当我们想要买书来学习时，自己出钱也会比公司报销更容易令人燃起学习的热情。

时间也是同理。当我们意识到时间都处于自己的掌控之下，不是在别人的指挥下去做的时候，就会额外取得更多的收获。

如果把时间花在漫无目的的享乐上，那么看上去会十分自由，但其实是在束缚未来的自己，也就是对时间的"浪费"。如果自己的时间处于他人的掌控之下，或是被一些不得不做的事情所占据，那么我们或许可以称其为"消费"。

请大家努力去一点点地将时间划归到自己的掌控之中，并且想一想这些时间可以用于哪些投资。用这些自由的时间去全神贯注地做一些事情，将来必然会收获巨大的"回报"。

## ▶ 我在美国学到的金钱和时间的使用方式

我在年轻时曾经一个人远渡重洋去了美国,也是从那时开始思考如何去使用金钱和时间,并且成功地掌握了使用方式。

那个时候我真的非常非常穷,每天都要把钱包里的钱拿出来数两三遍,看看还剩下多少,为应该怎么花而发愁。

当时的我没有信用卡,想借钱都无处可借。虽然回国的机票已经提前买好,但是如果手头没有钱的话连机场都去不了。所以我必须牢牢地握住最后的 20 美金作为交通费,然后想方设法用剩下的钱度过接下来的日子。

我不仅需要考虑今天应该怎么花钱,还需要为两周后、一个月后,乃至回国前的每一天都做好打算。现在身上有多少钱、买了这个以后身上还剩多少钱、这样的话会不会更省钱……这些问题都不断地在我的脑海中盘旋。那可能是我这辈子为金钱付出思虑最多的一段时光。

在这个过程中我渐渐发现，自己所考虑的关于钱的问题其实跟"如何使用时间"有着异曲同工之妙。

不浪费任何一美分，就相当于不浪费任何一秒钟。

想要拥有更多钱的话，就必须先思考应该把时间花在哪里。

这就是我在不知不觉中获得的"新发现"。

当我得出了自己的答案后，我就把"如何使用时间"的问题放在了比钱更优先的位置上。我决定把空闲时间花在更有意义的事情上，去寻找有趣的事物，认识更多的人，学习更多的知识。

每天早上我一起床，就会先安排好一天的计划，然后再根据计划去决定钱该怎么花。比如先计算去某地的交通费是多少，再根据交通费的多少来决定午饭的预算，像这样按照自己的行动来计算开支。

不仅如此，我还对自己回国前的时间做了大致的规划——比如接下来还会在这里待几周，在此期间可以做些什么事情，认识什么样的人，和他们建立什么样的关系，想要找这种东西的话需要去哪里等。

那时候的我还没有"投资"的意识。但是现在回头想想,当时我所考虑的就是"为了让自己能够更进一步,必须学会高效地利用时间和金钱"。

除此之外,我在美国还学到了一点,那就是有些行为虽然从短期来看属于浪费,但是对自己来说却是一种投资,此时一定要当机立断放手去做。

我在美国时基本都住在连酒店都算不上的便宜旅馆里,里面没有厕所,没有淋浴,也没有空调,吃饭也都是吃最便宜的垃圾食品。为了尽可能地缩减支出,我不得不这么做。

然而即使是在这样的旅途中,我也睡过几次舒适的酒店,那就是当我觉得身体状态不好或是筋疲力尽的时候。

每当我感到有些不舒服,觉得如果强撑下去可能会病倒几天时,我都会义无反顾地选择去住郊外的连锁酒店。在被自然环绕的干净的房间中,用淋浴好好地洗个澡,让自己彻底放松下来,休养身体。这样休息好了变得活力十足后,我才会再回去住便宜的旅馆,继续自己的旅程。

另外,当我觉得需要吃一些对身体有益的食物时,我也会去正规的超市购买米和蔬菜,给自己熬制一碗浓稠的蔬菜粥。虽然我手头本来就很紧张,但就算是要多花钱,也必须好好犒劳自己的身体。

为什么我会做出这样的选择呢？因为一旦人的健康状况出现了大的问题，那么恢复起来就需要花费好多天。因此我在钱和时间的抉择中选择了节约时间。

在美国度过的这段日子对我来说是一次很好的锻炼，让我学会了如何去规划使用有限的金钱和时间，以及如何去安排事物的优先顺序。

而这种能力并非只适用于"海外生活"这样的特殊情况。

"在回国前的这段时间，如何去规划使用有限的金钱和时间"和"在离开世界前的这段时间，如何去规划使用有限的金钱和时间"其实是同样的道理。

所以说，我在美国度过的这段日子其实就是人生的缩略版。就算日后我回到了日本，就算我早已不是当年那般年纪，我也依然会认真地去思考金钱和时间的规划。

# 第 3 章

如何通过工作来
提升自己的价值

## ▶ "跑腿小弟"也能为他人派上用场

"想要得到钱的青睐,最重要的还是认真面对自己的工作。"

"一旦轻视了工作,钱也会从我们手心里溜走。"

正如我在第 2 章中所写的那样,金钱和工作有着密不可分的关系。想要获得比别人更多的"盖有信用印章的票据",就必须做出与这些信用相称的工作成果。不仅如此,我们的工作态度和票据的使用方式(投资方式)也会影响日后我们能够获得的票据数量(收入)。

工作和金钱之间有着密切的关系,同时,工作也与我们"今后可用于投资的额度"直接挂钩。

那么,什么样的工作方式才能让我们得到社会的信赖呢?如何去投资才能提升自己的工作能力呢?这些问题就是本章中将要讨论的内容。

工作的本质，就是为社会或是他人带来助益。我希望自己能够尽可能多工作几年，这也就是想让自己尽量多为世间做一点贡献。

从我十几岁刚步入社会时起，我的这种单纯的愿望就一直没有发生过改变。

那时候的我只是一个一无所有的年轻人，不仅没有钱，也没有任何人脉、成就、梦想和资格证，甚至没有一项能够拿得出手的才能。

其中，我最缺少的是"学历"，而学历正是行走在社会上最有力的通行证。我初中就没有好好读，虽然成功升入了高中，但还是感到灰心丧气，觉得自己继续读书也没什么意义，就直接选择了退学。

对17岁的我来说，周围没有任何一个跟我一样最终学历是初中毕业的人。我就这样孤身一人，在没有认真思考过以后该如何生存的情况下，扔掉了"学生"这个像保护伞一样的身份，选择步入了社会。

父母告诉我，如果我要从高中退学，那么日后的生活就全部由自己来负责。因此为了生存下去，我必须自己找工作，自己赚取收入。

然而对一个初中学历、没有任何专业技能的少年来说，当然没有什么挑选工作的余地。只要看到招聘日结临时工的工地，我就会去现场应聘。对方如果让我当天开始工作，我就二话不说直接上工。因为我除此之外别无选择。

在我年轻的时候，日本——尤其是东京——可能比现在还要更重视学历。一个人有没有读过大学，读的是什么层次的学校，都直接决定了他在社会上的阶层。即使当年的我只有十几岁，也很快就明白了这一点。在这样的世界中，别人从来都不会用名字"松浦弥太郎"来称呼初中毕业的我，而是直接叫我"喂！那边那个小子"。

但只要有工地愿意雇用我，我都会在那里拼命地工作。"有工作"这件事本身就已经让我感激不已。因为工作不仅能够让我赚到报酬，还会让我感到自己被他人所需要。

工作能够让我为别人派上用场，参与到社会中，光是这样就已经让我感到十分快乐。当时的我能力十分有限，所以找到工作对我来说就如同抓住了救命稻草一样。无论什么工作，我都一定会全力以赴，认真地去将其完成。

不仅如此，光是完成别人交给我的任务还无法让我满足，我还会拼命地去思考如何才能为大家做更多的事。

为了让自己周围的人能够更加愉快，我在工作时总会想着"多做一点"。

例如，当我在建筑工地上打工的时候，我不仅会完美地完成自己分内的事，还会把保持作业现场的整洁也当作自己的工作来做。只要有垃圾掉在旁边我就会立刻捡起来，工具也会整理好，看到灰尘或是木屑就会立刻用扫帚扫干净。

像这样多观察四周、多动手换来的结果就是，周围的人都开始称赞我说"有这家伙在，施工现场就会很干净，干起活来很方便"，并且开始重视我的存在。以至于后来各种各样的工地都会叫我去干活，无论去哪里大家都很喜欢我。

由于我在大多数的工地上都是年龄最小的一个，所以经常也会有人使唤我去跑腿买咖啡。换作其他的年轻人，可能会一边抱怨一边起身去买，而我则会干净利落地回答说"好"，然后一溜小跑地去买回来。如此一来，工友们都觉得拜托我跑腿效率又高态度又好，所以很多工地干活都喜欢带上我。

学历低的事实让我备感自卑，因此我非常希望得到他人的肯定，被他人所需要。与此同时，我的内心还充斥着不安,不知道今后自己应该如何生活下去。

正因如此,我才决定当一名"最优秀的跑腿小弟"。当时的我虽然只是一个无名小卒,但是在跑腿界——接受别人的委托,用最快的速度完成任务,使大家在工作上能够取得超出预期的成果——或许能够成为第一名。

直到现在,我依然保持着同样的心态。迄今为止,我在工作上与许多企业都有过合作,对于这一点,我一直心怀感恩。而我在工作时一直和以前一样,希望能够当一个称职的跑腿小弟,给对方带来助益。最近我也被冠以了"董事"这种看上去很厉害的职称,但说实话,我觉得这种称呼本身并没有什么价值。

我会一直告诉自己:"我只是一个跑腿小弟,并没有什么了不起的,别人愿意让我来工作是我的荣幸。"

我称不上是什么专家,也并没有在某项工作上表现得出类拔萃。

但是在跑腿干活方面,我认为自己还是很优秀的。无论在面对什么工作时,我都会暗自心想"请尽情地使唤我松浦弥太郎吧"。

我决心无论别人将什么样的工作交给我,我都要用120%的成果去回报他。如果对方因此而感到开心,那么我也会获得幸福感。这跟我当年打扫工地时完全是同样的感觉。

　　我一直铭记，工作就是为他人带来助益，就是去帮助遇到困难的人。正因为我抱有这样的想法，所以才会接到越来越多的工作（因此我也不太喜欢"打工赚钱"这样的说法，因为这会给人一种"工作只是为了赚钱"的感觉）。

　　大家可以先试着去为眼前的人带来惊喜，超越他们的期待。

　　任何工作，都是从这一步开始的。

## ▶ 把"做自己"当成一种职业

在工作中初次自我介绍时,对方往往会问起我的职业,这种时候我一般会称自己是一名"随笔作家"或是"文字工作者",而心里却有着另一个答案——"我的职业就是松浦弥太郎"。

我希望自己能够把"松浦弥太郎"当成一种职业。

有些人可能会觉得纳闷儿,怎么会有人把自己的名字当作职业来介绍?然而我认为这其实是一种证明,意味着自己所做的工作是独一无二、无可替代的。

我希望工作中的我既不是某个领域的专家,也不是某项工作的负责人,而是一个独特的人。比起做一名"文字工作者",我更想以"松浦弥太郎"的身份为他人派上用场。

例如,当一个人在自我介绍时称自己是一名程序员时，别人就会认为他是一个"负责编程的人"。当然这也并没有错，但是这样一来，别人对他的认知就会具有局限性。说得再极端一点，没有人会把消费品开发的工作交给一个职业是程序员的人去做。

"销售""会计""编辑"等也是同理，这些头衔都会把一个人定义为"做某项工作的人"。这样的称呼既证明了一个人的专业性，同时也封锁了其他的可能性。

我从来都不会为自己设限，也不会专门去做某项特定的工作。对我来说，自己的所思所感仿佛是为世界加上了一层"松浦弥太郎滤镜"，而我想要透过这层滤镜去发现新的价值。

这就是我的职业——"松浦弥太郎"。这就是我想要的，不被头衔所束缚的生活方式。

言归正传，想要以"做自己"为职业，就必须先找到需要自己的人才行。这一点只靠自己终究无法实现。

而这种需求通常是源自我们过去的一些行动和做过的工作。

就我个人而言，我所做过的工作涉及诸多领域，例如书店经营、杂志主编、写作、商品开发、经营、企业顾问等，最近甚至还当上了电影导演。而这些全都是因为我以前在工作中为别人派上过用场，给别人留下过愉快的回忆，所以对方才会为我介绍新的工作机会。

"之前的那项工作，松浦弥太郎完成得很好，这次就把这项工作也交给他去做吧"——就这样，即使我没有类似的工作经验，大家也会信赖我，把工作交给我。我也因此得以接触到各种各样的工作，所以，早已没有任何一个固定的职业名称能够和我完全符合。

换言之，我所做的就是把自己投资到眼前的工作中，而我收获的回报就是新的工作机会。

全心全意地完成工作，把自己投资到工作中，就能够收获下一个工作机会。

为他人带来助益，使自己的个性得到他人的肯定，得到新的工作机会——通过这样不断地循环往复，我们就能够逐渐达到以"做自己"为职业的境界。

因此，我完全没有"想要更厉害的头衔"这样的野心。正因为我一直是以"松浦弥太郎"的身份在拼命工作，所以我才得以接触到有趣的工作和优秀的人。

以"做自己"为职业，这并不仅仅适用于像我一样的自由职业者和艺术创作工作者。在企业里工作的人如果建立起这种意识，一定也能够与更好的工作不期而遇。

在不久以前，社会上的风气还是"大家都应该以同样的节奏过着同样的生活，谁都不要做出头鸟"。而现如今，每个人都可以展现出自己的独特之处，可以不被头衔所束缚，用自己的名字行走在职场之中。

随着多样的个性和拔尖的能力能够得到赏识，越来越多的工作机会也会涌现。

请大家不要总以为这样的生活方式与自己无关，试着抬起头来环顾一下周围的世界。很多人都在以"做自己"为目标向工作发起挑战，每个人也必定都能够找到自己力所能及的工作。

## ▶ 失败是必然，成功是偶然

我认为，失败是一种必然，而成功却是偶然的产物。每个人都会失败，而我们在工作中就是要尽最大的努力去减少这种"必然会发生的失败"。

我在年轻的时候就失败过很多次。

要么是搞垮了自己的身体，要么是前一天工作到太晚导致第二天睡过了头，要么是日程排得太满耽误了重要的项目，要么是高估了自己的能力导致工作质量出现下滑……

类似的失败真是数也数不清，甚至我觉得自己在二三十岁时失败的次数要比成功的次数更多。

但是就在不断失败的过程中，我渐渐抓住了失败的规律：不考虑为自己的身体投资，一心扑在工作上是行不通的；必须冷静地看清自己的上限；不可以过分自信；如果把工作进度计划制订得过于理想化，就会给别人添麻烦。

就这样，我为自己制定了一条又一条明确的规则。

失败以后，一定不能对其置之不理。既然失败是必然的，那么就一定存在原因。分析失败的原因，吸取经验，就可以减少日后的失败。一次失败可能并无规律可循，但如果是失败了很多次，那么我们就可以掌握失败的规律，日后提前做好准备避免失败。认真反省，找出原因，再多加注意，渐渐地，我们被同一颗石头绊倒的次数就会越来越少。甚至可以说，现在我们失败的次数越多，以后失败的概率就会越小。

因此我认为，人趁着二三十岁的年纪多去义无反顾地挑战一些新事物，多失败几次，这并不是什么坏事，同样也可以算是一种投资。

当然无论一个人的年纪有多大，只要是挑战新的工作，总会因为新的理由而经历新的失败。但即便是这样也无妨，只要像我刚才说的那样学会避开失败的原因，不再被同一颗石头绊倒就足够了。

经历失败，克服失败，再继续挑战。这样不断成长，也是工作的乐趣之一。

## ▶ 打破舒适圈的工作也是对自己的投资

年过半百后,我开始认真地思考人生还剩下多少时间可以供我支配。也是从那个时候开始,我几乎不再主动为自己增加工作量(这二者其实并没有直接的关系,只是我本来也没有"做一名成功人士"这样的雄心壮志)。

现在,如果我不去刻意控制的话,不知不觉中就会把100%的时间全部花在工作上。但是由于我需要照顾年迈的母亲,所以现在正在努力尝试去把50%的时间用于工作,剩下的50%用在自己的私生活上。

有些人可能会感到疑惑,一名自由职业者如果不去主动推销自己、多做宣传的话,要如何才能找到工作呢?以我个人为例,现在我所有的工作几乎都是靠"缘分",或者说是靠"人情"得来的。

人们会直接找到我,拜托我去做某项工作,然后我再决定是否接受。当我想要助眼前这个人一臂之力,想要看到他露出笑容,想要得到他的称赞时,我就会像当年那个"跑腿小弟"一样回答他"好的,交给我吧"。这就是我现在的工作模式。

像这样,"缘分"和"人情"会为我带来新的工作。而我在考虑是否接受别人委托时,通常只会问自己一个问题,那就是"当我在助他一臂之力时,我自己能否学到新的东西"。

我会先想象一下,自己在做这份工作时会学到些什么,取得怎样的成长,如果这个想象中的画面能够吸引我,那么我就会接受这份委托。反之,当一份工作中没有任何未知的要素和新奇的体验,那么我就不会接受。

我希望自己能够不断地走出舒适圈。

报酬的多少和企业知名度的高低并不在我的考虑范围内,我挑选工作的基准只有两点:一个是有没有"缘分"和"人情"在其中穿针引线,另一个就是"能否让我打破自己的舒适圈"。

我所说的"打破舒适圈"是指邂逅新的事物,并且在面对它时感觉到手足无措,不知该如何是好的一种状态。

例如,当我成为《生活手帖》杂志的主编时,我其实是第一次接触编辑工作。当时的我根本不懂编辑杂志时所使用的专业术语，也不知道该如何与印刷厂沟通，更不了解杂志的发行流程，只能挨个儿去询问其他的员工，一点点地慢慢弄懂。为了搞清楚如何制作杂志，我曾经低头向许多人求教过。

在许多人的帮助下，我一步步记住并理解了工作的流程，慢慢变得得心应手了起来。当工作上的业务都能够顺利完成后，我也逐渐做出了自己的风格。

当我离开《生活手帖》编辑部去IT企业工作的时候，历史又一次重演。由于我对编程和数字科技一窍不通，刚入职的时候可以说是十分不知所措。但是在不断地请教别人和自己学习的过程中，我也逐渐摸着了门道，并将这些知识和经验化为了自己的一部分。

走出舒适圈后的这种不知所措感并不会一直持续下去。无论一个人的年纪有多大，只要他保持着学习的意识并且为之努力，那么他就一定会有所成长，这种不知所措的感觉也终会消失。

当不知所措的感觉消失后，我们学习到的东西就会开始产生回报——工作中取得了成果。

走出舒适圈能够使我们的心灵更加成熟，还能够使我们的能力获得提升。

因此，如果我认为某个工作处于我的舒适圈以内，是我以前做过并且知道自己能够做到的，那么无论对方多么热心地招揽我都不会接受。能够不费吹灰之力就轻松完成的工作，我绝不会做。

打个比方，假如现在有人请我去创办新的杂志，或者是请我去开一家有趣的书店，那么非常抱歉，我必定会拒绝他的邀约。因为这些都是我以前经历过的，并且我已经知道自己能够做到。

位于舒适圈以内的工作既算不上是对自己的投资，又没有什么乐趣可言。从这样的工作中我学不到新的知识，收获不到新的体验，也无法发掘新的自我，所以我觉得把时间花费在这样的工作上是一种浪费。

或许在我近旁的人看来，松浦弥太郎是一个不按套路出牌的人。他先是开书店，把9年的光阴都倾注在了《生活手帖》杂志上。结果当大家都以为他喜欢跟纸质媒体打交道时，他却又投身IT行业，从头开始学习如何去做数字媒体。类似这样的事情总是在不断重演。

但是，工作中的这种"出人意料"正是我的乐趣所在。我希望自己以后也能一直这样下去，直到停止工作的那一天。

只要别人给了我新的机会，即使我不知道自己能够做出什么贡献，也会开心地点头答应。

虽然内心会感到不安，但是这都没关系。只要对方觉得把工作交给我来做会是一件有趣的事，那么我就会选择相信他。走出舒适圈的确会令人感到手足无措，但只要我拼命地学习，就一定能够拿出超出对方期待值的成果，并且在此过程中，我自己也会得到很大的提升。

"这份工作能让我走出舒适圈吗？"

多这样问问自己，尝试挑战新的事物，有趣的未来一定会在前方等着我们。今天的我，也依然奋斗在舒适圈外的第一线。

## ▶ "学透"的价值

我认识的一位经营者曾经对我说过这样一段话。

"想让自己的收入增长到当前的10倍,并不是花费10倍的努力就能够做到的,而是要学会10倍的新做法。"

他所说的简直让我茅塞顿开。

如果一个人不去改变自己的做法和想法,只知道闷头努力,那么虽然他付出了不少辛劳,但实际上却学不到什么东西,也拿不出什么像样的成果来。这一点不仅仅是针对收入,所有工作上的成果也都是同理。

真想要拿出令人刮目相看的成果来,就必须勇敢地去尝试自己以前没有采用过的新做法,并且还要绞尽脑汁想出几十种这样的新做法来。

这些做法有的源自脑海中一闪而过的念头,有的源自他人给出的建议,还有的源自读书时获得的感悟,总之只要是从外界吸收了新的方法,就都可以尝试一下。尝试过后如果发现不好用,只需立刻切换到下一种方法,重新展开挑战即可。

这样在不断试错和学习中,成果才会逐渐展现在我们的眼前。

舍弃所有的自负和固定观念,抱着谦虚的态度去不断地行动,不断地尝试,尽可能地去拼尽全力——这样才算是彻底"学透"。也就是说,所谓的"学透"并不只是学习知识,更要有把一件事"做透"的觉悟。

我在第 1 章中提到过让自己彻底沉浸在一种事物中,直到获得"顿悟"的感觉为止。这和我所说的"学透"是同样的道理。把一件事彻底"学透",或许是一种最高价值的投资。

特别是在工作中,当我们学透了一件事后,下一项学习就又不可思议地摆在了我们的眼前。我们能做的,就是继续去将其"学透"。人生就是这样不断地循环往复。

反过来说,那些没能学透的人就会一直在原地踏步,无法接触到更有价值的项目、更高难度的任务和更能提升自己的机会。他们无法投资自己,只能在维持现状上无端耗费时间。因此,请大家一定要先把自己眼前所做的事

"学透",直到下一个学习项目出现为止。

我们在工作中不断地学习,就是在不断地为自己投资。

永远带着好奇心去环顾四周,寻找学习的机会,享受学习的快乐,努力把事情"做透"。这样一来,投资的齿轮就会一直转动下去。

### ▶ 像经营者一样去描绘愿景

我曾经与不少企业有过合作，从老牌出版社到最前沿的IT企业，甚至还包括服装和零售行业的企业。这些企业来联系我，而我也从这些企业想要交给我的工作中看到了新的挑战，于是就决定一起合作。

虽然我并没有特意去挑选自己的合作对象，但是幸运的是，跟我合作过的这些企业都十分优秀。那么，什么样的企业可以称得上是一家"优秀的企业"呢？

我的评价标准就是，它是否对未来有着明确的愿景。

那些拥有明确愿景的企业知道自己想要创造一个怎样的社会，也知道自己想要为社会带来怎样的冲击，并且会不断地向这个目标迈进。

相信大家都听说过谷歌（Google）、亚马逊（Amazon）、脸书（Facebook）和苹果（Apple），这四家知名的IT企业被合称为"GAFA"，其业务范围已经遍及了全世界。

这四家企业能够成长到今天的体量，并不是靠金钱游戏一夜暴富，而是从创业初期就拥有明确的愿景。虽然不同的企业拥有不同的文化，其愿景也会因业态而有所区别，但是这四家企业却有着一个共通点，那就是"想要用自己的力量让世界变得更好"。

这是一个很宏大，并且很诚挚的愿景。这些企业发展至今的原动力不是"我想获得成功，成为有钱人"这种小小的野心，他们怀抱着宏大且诚挚的愿景，咬紧牙关渡过困境，齐心协力拼命工作，才取得了今天的成功。"热情""行动力""忍耐"，这三点缺一不可。

负责企业经营的一把手必须时刻保持清醒的头脑，分析企业正在推进的项目和每一个选择是否符合企业的愿景。正因为他比任何人都思虑得更周全，所以他才能够成为组织中的决策者。

作为一名决策者，他需要用长远的目光，从未来的角度出发，去决定企业今后应该如何"投资"（包括是否建设新的工厂，是否雇用更多的员工等）。这和我们每天思考摄入哪些食物能够让未来的自己更加健康一样。

但其实，需要这样去思考的并不只有企业的一把手，还包括在企业内工作的所有员工。我们时常会听到的"站在经营者的角度去思考"，其实就是让大家去关注企业所描绘的愿景。

把自己眼前的工作和企业的愿景进行比对，看二者是否一致，这并不是一件容易的事，需要我们改换自己的思维方式。

但即便如此，只要我们满怀热忱地投身于自己所负责的工作，时常思考自己的工作会对企业愿景的实现做出怎样的贡献，那么终有一天，我们会看清二者之间的一致和矛盾。

像这样站在经营者的角度去思考，可以帮助我们和自己的工作建立起更加深刻且良好的关系。

不只是企业，我们自己也同样应该描绘愿景，并在此基础上制定今后的方针。对个人来说，或许用"理念"这个词会更加贴切。它主要是指一种理想中的"状态"，比如"我要成为一个什么样的人"或者"我想要怎样去生活"。

有的人想为社会做贡献，有的人想为他人带来助益，有的人想通过工作使人们绽放笑容，有的人想引领新的文化，有的人想要掀起一场技术革命，有的人想让工作和生活都过得很充实，还有的人想亲切地对待自己周围的人。

有了自己的愿景和理念，它就会在我们感到迷茫和困惑的时候照亮我们前行的方向。

有些人会考虑为了更高的收入而更换工作，但我认为只根据收入去选择一个行业、职业或是企业，这并不是一种好的方式。

因为这样的做法缺乏尊重。为了钱而选择与自己的愿景、理念或是价值观不符的工作，这无论是对于这家企业而言，还是对于认真在这家企业中工作的人而言，甚至是对于这家企业的顾客而言，都是非常失礼的行为。

更重要的是，以钱为标准来选择工作也是在伪装自己。就算我们刚开始对高薪酬感到很满意，逐渐也会发现自己找不到待在这里的意义，因而越发痛苦。人在与自己的理念不相符的地方无法发挥出真正的实力。而如果工作成果得不到肯定，那么薪酬也就失去了上涨的空间。

被高薪酬所吸引，选择与自己的愿景或是理念不符的公司，最终只会导致自己和周围的人一同陷入不幸。

当我们对一家公司所展望的未来感到由衷的钦佩，并且这个未来与我们自身的愿景或是理念相符时，我们才能够真正做到大显身手，在精神和金钱这两个方面同时感到满足。

## ▶ 把工作获得的报酬再投资到工作中

现在我对工资酬劳可以说是完全没有任何的贪欲，手里的钱只要能让我过上自己想要的生活就已经足够了，绝不会总想着去赚更多的钱。

因此，我在选择工作时也不会以酬劳为标准。"跟这种一流企业合作，还是社会影响力这么大的项目，一定能拿到很大一笔钱吧"——这种在心里偷偷打算盘的想法也不会出现在我的脑海中。只要对方支付的酬劳和我的工作大抵相称，那我就已经很满足了。

当我凑巧跟别人聊起钱的话题时，对方经常会震惊地问我："松浦先生，报酬这么低的工作你竟然也接了吗？"但只要是在我看来合理的金额，我都觉得没关系。我认为我对金钱的概念和正常人差不了多少。

当我需要自己决定报价的金额时，我会问一问自己：

"我报的价格究竟是否合理？有没有在贪欲的驱使下报了更高的价格？"

的确，因为我是真心实意地努力想要用120%的工作成果去回应对方的期待，所以我也完全可以把报酬的金额设定得高一些。

但是另一方面，脑海中也有一个冷静的声音在告诉我"你的水平也不过如此"。收取比正常人高几倍甚至几十倍的报酬，这实在有些不合理。

我不知道周围的人是如何看待我的，我也没有问过他们，但我始终是保持这样的心态。或许正因如此，才会有各种各样的人来找到我，为我提供工作的机会，希望能够借助我的力量。

除此之外，我还会时常思考如何用工作获得的报酬来投资。

如果一个人能够把报酬的一部分重新投资到工作中，那么他的工作成果也会有质的飞跃。

我第一次靠写作来赚钱，是给航空公司的机内杂志写稿。

虽然在那之前我也给各种杂志和免费报纸投过稿，但毕竟我的本职工作是开书店，不是专业的作家，投稿也算是给自己的书店做宣传，所以我也几乎没有收过稿酬。而机内杂志编辑部的人读了我写的文章后觉得不错，就让我在他们的杂志上写一个连载专栏。

这个写连载专栏的工作机会对热爱旅行的我来说充满着新奇的诱惑。举个例子，我可以在某月前往法国，在当地收集素材，把自己所感受到的魅力总结成一篇文章。然后下一个月再赶赴墨西哥，继续收集素材写文章。在完成工作获得报酬的同时，我得以访问了许多个国家和地区。

由于是杂志编辑部出钱供我去世界各国旅行，所以时常会有人对我表示羡慕。这虽说的确是实情，但我也并不是像普通的游客那样只需要到处走走逛逛即可。

当时的我，在旅行的准备阶段做了一大笔投资。

我投资了什么呢？就拿刚才的例子（法国和墨西哥）来说，我把写法国那篇稿件所获得的报酬的一半左右，都投资到了对墨西哥的调研中。

我会阅读关于墨西哥的书，学习墨西哥的历史；我会找来墨西哥的摄影集，从里面寻找自己认为有魅力的场所；我会沉浸在墨西哥的电影和音乐中，订购当地的工艺品；我会品尝墨西哥料理，和了解墨西哥文化的人聊一聊……

就像这样,我会毫不吝啬地用上一次工作获得的报酬来为下一次工作做好万全的准备。

从那时起,我就一直坚持把工作获得的报酬再投资到工作中。投资的比例是一半左右。有的人可能会觉得,好不容易赚到了钱不舍得再投出去,况且这样做的话钱就不能用在自己想做的事上,连存款都积攒不下来。

但是正因为我用这些钱和时间去做了投资,所以才能找到独特的切入点,写出其他人写不出来的文章。否则我一个没有多少写作经验的新人,是不可能在机内杂志中拥有自己的连载专栏的。要知道,那可是许多作家所憧憬的工作。

投资所带来的好处还不仅如此。

读者们被我的文章所吸引,编辑部的人也感到十分高兴。

从松浦弥太郎独特的视角去写作,使我邂逅了很多人,也接触到了很多有趣的工作。

因此,我才能把"做自己"当作一种职业。

这世界上还有比这更丰厚的报酬吗?

把工作获得的报酬再投资到工作中——这一点对于任何一种职业而言都十分重要。虽然根据工作内容不同,我们需要投资的比例和看到成果所需的时长也会有所不同，但只要坚持投资下去，那就一定会获得回报。

对工作进行投资，绝不会是一种损失。最起码，把钱用在学习上，然后把学习到的知识应用到之后的工作中，这就是一笔高质量的投资。

用眼前的工作来为将来的工作奠定基础，这样的工作意识值得我们每个人去学习。

## ▶ 在工作开始前留出"15分钟"

在时间投资方面,我有一个一直坚持的习惯,我称其为"工作前的15分钟"。

无论是开会,还是谈项目,我都会从工作前的15分钟开始做准备,调整自己的状态。为了切换到工作模式,使自己能够更加集中,这段时间是必不可少的。无论前一天的预习和准备工作做得多么充分,"工作前的15分钟"都会大大影响到我在工作中的表现。

当时间留有余地后,我们就能来得及应对一些意外情况。

无论我们准备得多充分,都可能会发生意想不到的事,比如电车延误、忘记东西回家取、搞错了集合地点等。

在这种情况下,如果时间也很紧张,我们就可能会手忙脚乱，接连出现更多的失误。但如果事先留出15分钟的余地，我们就可以从容地分析情况，做出判断。想要在工作中发挥出百分之百的水准，就必须做到有备无患。绝不可掉以轻心，总想着小概率事件不会发生在自己的身上。

这15分钟还可以用来使自己的心情平复下来。

平时在工作中，我们的日程表经常会在不知不觉中排得满满当当，刚谈完项目就去开会，刚开完会又要跟客户见面。特别是在网络会议普及后的现代，这种倾向更是变得越发严重。

在这样的工作节奏下，如果我们在前一项工作中遇到了不如意的事，产生了焦躁不安等负面情绪，就会直接带入到下一项工作中。而带着负面情绪去工作，必然会对工作产生负面的影响。

因此，我们就需要一段时间去调整自己的心态。整理好心情，让自己平复下来，带着一颗波澜不惊的心去面对下一项工作。

直到现在，这15分钟也经常能够帮上我的忙。之前我跟别人开会的时候就有过一点摩擦，说话的语气重了一些，后来我自己也有所反省。但是在那之后我马上又有另一个会要开，如果带着这样的心情去开会，想必又会和其他人产生新的不愉快。

在这种情况下，有了15分钟的空闲时间，就可以重新调整自己的心情。多亏有这15分钟，我才能够好好地安抚自己"刚才有点冲动了，这件事就到此为止"，然后再心情舒畅地去参加下一场会议。

人无完人，每个人都有可能因为小小的不如意而按捺不住胸中的愤怒。在社会不稳定、前景不明朗的情况下，这种倾向就会变得更加强烈。2020年后，全社会都在与未知的病毒战斗，而焦躁不安的情绪也在不断蔓延。

这种情绪不仅会影响我们接下来的工作，还会影响我们对时间和金钱的支配方式。

人类会在无意识中想要消除或是忘记自己内心的焦躁不安，并且为此去花费时间和金钱，比如有的人会疯狂购物，还有的人喜欢纵酒狂欢。

更何况这个世界上还有很多用来解压的商品，它们就是在利用人们这种脆弱的心理来赚钱，比如最典型就是手机游戏。沉浸其中可以忘记生活中的不如意，所以很多人都会在这上面花费大量的时间和金钱。

这样的浪费并不一定就是坏事，但如果超过了一定的比例，就很难称得上是明智的消费方式了。正如我在第 2 章中所说的那样，这样使用自己手头的"票据"，会让我们失去社会的信用。

因此，我们才需要投资一些时间，用来找回原本的自己。这就是我所说的"15 分钟"。

尽量把焦躁不安的情绪当场疏解，这不仅会防止它影响接下来的工作，还会让我们更加明智地去使用自己的时间和金钱。

## ▶ 耐心地等待高额回报

现如今，人类对速度的追求早已超越了过去的任何一个时代。每个人都想走最短路线，用更快的速度奔跑着度过每一天，如果不能马上看到成果就会开始焦虑，对待他人也没有耐心。

然而"等待"其实非常重要，并且也需要花费体力。

一位上了年岁，在金融投资方面很有建树的投资家曾经说过这样一句话——"不愿意等待的人将无法获得成功"。他还认为"无论是想要培养作物、人，还是人际关系，都需要'等待'。在日常生活中也是同样的道理，无论是治疗疾病，还是解决问题，面对很多事情我们只能尽自己所能，然后耐心等待。越是心急，越容易失败"。

想要取得高额的回报，必然需要一定的时间。无论是投资工作、投资自己还是投资金融产品，都是同样的道理,甚至可以说时间与成果成正比。因此,每个人都必须明白,高额的回报不会立刻出现在自己的眼前。

现如今,很多人都急于得到回报。"一看就懂""立即起效""马上出成果"……这样的宣传词随处可见,而人们总会争先恐后地扑上去。

但是从投资的原理来看,不可能有这种天上掉馅饼的好事。我们只能坚持投资,耐心等待。

这跟"水滴石穿"是同样的道理。

我能够以"做自己"为职业安身立命,自然是有缘分和运气的加持,但也是因为我从二十多岁就开始不断地写作投稿的缘故。从一开始没有稿费可拿,也没有任何名气,到后来可以靠写作赚钱,有越来越多的读者喜欢我的文章,我一直在兢兢业业地写作,从未停下手中的笔。

我所写的每一篇文章,都仿佛是打在石头上的一滴水。当水终于滴穿了石头,我才得以像今天这样,把"松浦弥太郎"当作自己的工作。

坚持做同一件事,同时静静地等待,人们就自然而然地聚集到了我的身边。

当你想要实现自己的梦想或是愿景时,千万不要心急。做好自己应该做的事,然后耐心等待。

但是等待的期间也需要有收入，否则将无法生存。一个人如果生存不下去，必然会无法继续等待，而梦想也将无法实现。

所以，我们需要"为了等待而工作"。想要静下心来去实现自己所描绘的巨大愿景或是梦想，就必须在等待的期间获取足够活下去的收入。有了工作和收入来源后，我们就可以积蓄等待的资本，踏实地去努力。

请大家问一问自己，"我有没有耐心去等待？""我会不会用长远的眼光去看待事物？"

生活在这个追求速度、崇尚速度的社会，这样的思考角度就显得尤为重要。

## ▶ 尽量默默无闻地工作

在本章的最后，我还有一点经验想要跟大家分享，那就是想要在长期的工作中保持自己的节奏，就要尽可能地让自己处于"默默无闻"的状态。

聚光灯下，众星捧月。
粉丝百万，万众瞩目。

这或许是很多人的梦想，但我却不想引起他人的注意，也不愿成为人们关注的焦点。我只想默默无闻地工作，在人世间做一个无名小卒，不想去为自己的成就做什么宣传，也不想得到别人的赞叹。

因此，现在世界上应该没有人能完全了解我正在做什么工作，顶多是知道我在写写文章，做做媒体运营什么的。

因为我从来都不会主动跟别人说起这些。偶尔新闻上会报道我就任某家企业董事，掀起热议，但这也并非出于我本人的意愿。

为什么我会如此固执地不愿意宣传自己的工作呢？

原因是我不想让自己成为被消费的对象。如果为了一时的名气、声望和虚荣去四处宣传自己，那么之后也必须一直保持同样的曝光度，万一曝光度有所减少，人们就会开始纷纷议论说"这个人最近都基本见不到了""开始走下坡路了"。

一旦成为万众瞩目的焦点，就不得不一直保持下去。正是由于这一点，很多人才会看上去如此疲惫。

即使是深知其中风险的我，有时也会想要跟别人炫耀"这个工作是我做的"。而倘若被这种欲望所操控，就可能会把未来的自己逼入绝境。

所以，当我去参加一些集会和聚餐时，我也会尽量少谈自己，多去倾听别人说话。如果有我能帮上忙的地方，我就会尽力去帮。

这样一来，就算我不去像孔雀开屏一样炫耀自己，也能够自然而然地结下各种缘分。

把自己置身于聚光灯下，只能满足一时的虚荣心，没有任何其他的益处。从长远的角度来看,这很可能是在逐渐把自己逼上绝路。请大家一定要记住这样做所带来的风险,在想要炫耀自己博取赞叹时多加忍耐。

# 第 4 章

# 投资时需要留心的重点

## ▶ 为积攒信用而投资

上一章的内容主要是关于工作和投资。

我在上一章中讲到,自己在接受工作时不会介意报酬的多少,也不会因为想要更多的钱而去跟对方交涉。

"我眼中的报酬是什么",这个问题既和工作有关,又和本章的主题——"想要获得幸福需要做哪些必要的投资"有一定的联系,所以我想先从这里谈起。

我说自己不想赚钱,可能有的人会认为我只是在说大话。但我内心最渴望的并不是钱,而是自己在社会上的信用。每当我开始思考"接下来的10年应该为什么而奋斗"时,最终得出的答案总是"为了积攒信用而奋斗"。

那么,为什么我会如此重视信用呢?

因为如果一个人失去了他人和社会的信用,那么他将什么都做不到。没有人能够独立生存下去,想要生存,就必然会和社会产生关联。和其他人一同生活在社会之中，却又得不到同伴的信赖，那他还能做什么呢？这样的人收不到"盖有信用印章的票据"，得不到他人的帮助和鼓励，也得不到任何机会。

反之，当一个人被周围所信赖，那么他将得到比自身实力更强的挑战机会。从投资的角度来看，增加信用能够换取更高的回报。

我很清楚"社会信用度为零"是一种什么样的境遇，甚至我的情况可能更糟，已经降到了负数。刚刚进入社会时的我既没有学历，又没有什么文化修养，所以我在这方面很有自知之明。

现实就是，当一个人从比较好的大学毕业，考取了国家职业资格证，那么他就已经获得了一定的信用积分。而我生怕自己一辈子都无法取得社会的信赖，所以只能怀着焦虑的心情，拼尽全力去努力工作。

话虽如此，"成为一个被信赖的人"并不存在固定的途径。没有操作指南之类的东西来告诉我们"只要这样做就可以"，也没有"信用学"之类的学科可以供我们学习。我们只能通过每天的日常行为来踏踏实实、一点一滴地积攒信用。

金钱的使用方式会影响我们的信用。把钱用在毫无意义的事情上，或者是为了满足自己的欲望而无端浪费掉，这些做法都会使我们失去信用。

另外，言行举止也会影响我们的信用。比如打招呼的方式和说话的措辞，还有用餐的礼仪和生活习惯等，这些都是用来判断一个人是否值得信任的因素。除此之外，遵守社会规范也很重要，比如不能违反法律或是其他公共规则。还有社交方面，比如态度是否温和，能否为他人着想等。

当然，想要获得他人的信赖，还必须在工作中为他人提供助益。我们要为了他人去认真地工作，拿出超越对方期待的成果，通过工作来给他人带来感动，让社会变得更好，给自己周围的人提供帮助。

这种积攒信用的生活方式平凡且充实，会让我们每天都过得很幸福。

这是我从自己憧憬的前辈们身上所学到的。虽然我并没有直接聆听过他们的教导，但也是效仿他们的做法有样学样。想必这些前辈也曾经认真地思考过，自己应该如何做才能得到社会和周围人的信赖。

请大家在平时的工作和生活中，也多去思考一下如何为自己积攒信用。这虽然不是一朝一夕就能够做到的,但只要每天都积攒一点信用,幸福就一定会悄然而至。

做好自己该做的事,踏实地度过每一天。

## ▶ 扩充人脉和利益得失

"扩充人脉",就是指去结识能够为自己带来利益的人,扩充人际关系。这听上去很像是一种投资的途径,也经常会有人问我应该如何去构建自己的人脉。

然而我却从来都没有想过"对人脉进行投资"。

我这个人不会喝酒,也从来不打高尔夫,对美食也不太了解,可以说是非常不适合社交应酬,也没有什么参与这种场合的机会。

更重要的一点是,我也不太赞同当前社会对"人脉"的定义。

对我来说,只有那些彼此都不会拒绝对方请求的人,才能称得上是"人脉"。举个极端一点的例子,当他们中有人想找我借钱的时候,我连理由都不会问,只要是我能拿得出的金额,我一定会二话不说就借给他们。他们信任我，我也信任他们，这样的关系才称得上是被"脉络"所连接，息息相通。因此，我对"人脉"的定义要比一般的定义更窄，是指比较特殊的人际关系。

如果能够跟1000个人建立这样的关系，那的确是很了不起，但这也是不可能做到的。

如果朋友对我说，自己的公司正在挑战一个大项目，想让我投资，那我会很乐意在自己的能力范围内为他提供帮助。这是因为我打从心底信任他们，想要尽自己的一份力量以示支持。当然，我绝不是期待得到他们的回报，想让他们在我遇到困难的时候也来帮一帮我。在与他们交往的过程中，我从未去算计过利益得失。

对我来说，能够做到这样彼此信任的人大概只有10个。作为"人脉"，这个数字或许有些让人心里没底，但我却觉得已经足够了。

就我所知，企业的董事长和富豪们大多都并不在意人脉。就算是跟几万个人交换过名片，也没有人会把这种"泛泛之交"级别的人际关系当作值得自豪的事。

我反而觉得，那些把人脉当作炫耀资本的人更容易失去信用。表面上看起来，他们似乎八面玲珑，十分受人欢迎，但其实这样更容易引起他人的警惕。

为什么呢？因为人脉太广其实是一件很不自然的事。如果一个人认真工作，做好自己的健康管理，踏踏实实地生活，那他绝不可能会拥有如此广的人脉。只有那些觉得"结识更多的人"是一件有利可图的事，把所有心思都放在交朋友上的人，才能做到这一点。

用金钱、时间和健康去换取"自己可以利用的人际关系"，相信大多数人都能够隐约地感觉到这样的做法是有问题的。

不只是人际关系方面，在做任何决定时都先权衡利益得失的人，最终必定会失去他人的信赖。

我觉得人生开始扭曲的第一步，就是把决定权全都交给利益得失。不愿意做任何损害自身利益的事情，总想着比其他人多占一点便宜，这样只会让自己的心灵变得越来越贫瘠。

想要跟能给自己带来利益的人交往，想要轻松赚大钱，想要比别人抢得先机……这些想法本质上都是想要"偷懒"。不愿意付出辛劳，不愿意勤恳工作，不愿意拼搏努力，这样的心态发展到极致，就会演变成诈骗类的犯罪。

把时间、金钱和思虑都花在这种地方上，就属于"恶性投资"。不仅对未来完全没有助益，反而可能会使未来的自己变得走投无路。

这种"想要偷懒的人"也很容易忽视日常生活中的习惯。他们每天都懒懒散散地度日，做着一步登天的美梦。

然而，只有习惯和坚持才能真正改变一个人的本质。

想要让自己的人生变得更好，就必须持续去为自己投资，别无他法。

我并不是认为有钱就是厉害，贫穷就是没本事，然而事实就是，绝大多数有钱人身上都有一些"能够吸引金钱（提升信用）的习惯"。不去计较眼前的得失，而是把目光放长远，以宏观的愿景为判断标准，把良好的习惯坚持下去，这样才能够最终获得成功。

光是处心积虑地去结识对自己来说有利用价值的人，这样的投资既不明智，也无法给自己带来幸福。

人脉需要的不是广度，而是深度。认识几十个能够打从心底相互信任的人，就已经足矣。

## ▶ 欲望会招来毁灭

我曾经见过形形色色的人。

有的人获得了普遍意义上的成功,有的人做什么事情都不顺利。

有的人走到哪里都受人欢迎,有的人却很难博取他人的好感。

还有一些人本来日子过得一帆风顺,却突然身败名裂,仿佛泡沫破裂一般失去了所有的信用。大家在自己的周围可能也见到过这样的人,或者是偶尔在看新闻时突然想起某个名人,纳闷儿他后来怎么样了。

这种失败,追根究底都是源于"邪恶的欲望",比如我刚才所说的,无论干什么都要先算计利益得失的人。当欲望超出了掌控,人就会走向破灭的深渊。

有的人想要轻松赚大钱,占尽各种便宜,早日发家致富。

有的人想要博取称赞，高人一等。

有的人想要万众瞩目，耀武扬威。

一旦被这种欲望所吞噬，人就会失去社会的信用，人生的愿景也会化为虚无。

在欲望的驱使下行动对未来没有任何助益。这不仅称不上是投资，反而是一种"浪费"信用的行为。

因此，我们必须一直坚持和欲望做斗争。欲望的种子散播在人生的各个角落，一旦我们掉以轻心，种子就会开始发芽。如何去控制无穷无尽的欲望，这或许是我们人类永恒的命题。

之前有人曾跟我说过这样一段话。

"人生中随时随地都会出现魔爪。无论是多么有钱的人，获得了怎样的成功和地位，都无法逃离这只魔爪。无论走到哪里，魔爪都一定会找到我们。这只魔爪才是最可怕的东西。"

他所说的"魔爪"是指一时的放纵，也就是欲望。就像我们会把突然出现在脑海中的不正当的想法称为"邪念"，这种突然间生出的欲望有可能会使我们之前的积累全部功亏一篑。

只有自制力才能够战胜"邪恶的欲望"。当你快要被欲望所吞噬时,就回忆一下自己究竟想要成为什么样的人,回忆一下自己所描绘的愿景,想一想这么做会对未来产生什么样的影响,然后努力忍住。无论眼前的选项有多么诱人,都要想一想"现在如果这样做,那么之前的投资都会化为泡影",然后赶快制止自己。一定要冷静地去判断当前的自己是否处于魔爪的控制之下。

即使是现在,我也偶尔会遇到险些被欲望所支配的时刻。虽然已经年过 50 岁,但我也有想要在别人面前显示自己,博取称赞的欲望。每当此时,我都会客观地审视自己,抑制住欲望并且做出反思。

即使是被欲望所迷惑,也没有必要对自己感到失望。我们不是圣人,有欲望是理所当然的。甚至可以说是欲望使我们成为一个个生动的、有血有肉的人。

欲望的产生不受我们的控制,这一点的确是无可奈何,但我们必须为自己设好界限,绝不能越界。

每个人的感受和价值观不同,因此我也无法直接告诉大家哪些事情是不能做的,但是大家一定要有自己的判定标准。这个标准可以是各式各样的,比如不能作弊,不能背叛他人,不能暗地给别人使绊子,不能违背伦理道德等。

平日里为自己设好界限,这样当邪恶的欲望出现在眼前时才能够悬崖勒马,及时回头。

## ▶ 让运气成为自己的伙伴

养成好的习惯,是一种重要的投资。这一点我在前文中已经反复说过许多次。我之所以会这样说,原因主要有两点。第一点是因为培养好的习惯能够帮助我们塑造未来的自己,第二点则是因为好的习惯能够带来好的"运气"。

幸福的人生总是需要一定的运气,而好的习惯则是拥有好运的必要条件。

或许有的人认为"只要做正确的事,坚持努力,就不需要运气。有了实力,人生就会一帆风顺"。但即便一个人有了正确的方法并且勤加努力,想要获得成功也必须有运气才行。

我曾经询问过一位我所认识的富豪,想知道他是如何在工作中取得了成功。而他只是静静地回答我说"只是运气好而已"。纵观其成就，就知道他的成功是源自他的博学和勤勉，但即便如此，他却仍然认为自己的成功离不开运气二字。

我在他的身上，的确看到了许多能带来好运的习惯和思维方式。

那么，什么样的习惯和思维方式才能带来好运呢？

首先，获得好运的前提条件就是，一定要相信运气的存在。对运气半信半疑，运气就会离我们远去。

其次，运气还分为"好运"和"厄运"，我们要接受这二者的存在。世间万物的运作都是处于一种平衡的状态下，有好事发生，就必定也会有坏事如影随形。所以每当我运气不好，小拇指撞到了家具的角上，我都会认为这是在平衡我所拥有的好运，然后感到很高兴。

能够招来好运的最有效的方法，就是保持积极向上的心态，面对任何事情都能够原原本本地接受。这并不是让大家都变成乐观主义者。因为接受一切，就意味着永远都做好最坏的打算，提前做足准备。无论发生任何事情，都能够不慌不忙，从容应对。

还有一点就是，运气好的人通常都是同时运作多个项目，总是在忙碌地工作。无论已经获得了怎样的成功，拥有了多少资产，他们总是在为新的项目做准备，学习知识并付诸行动，把自己所拥有的一切都用在投资上。

相反，运气不好的人每次只会着手做一件事，迟迟都不开始下一项投资。因此，当唯一的项目陷入困境时，他们就会惊慌失措。

因此，养成将资产分散投资的习惯，就可以避免使自己陷入危机之中，所以那些运气好的人才会一直处于忙碌的状态。

想要招来好运，就最好不要只朝着一个目标一条路走到黑，而是应该保持好奇心，打开视野，向各个方向去展开行动。

比如，我除了写文章，还有公司经营、媒体运作、商品开发、咨询顾问等工作，每天都过得十分忙碌。每年，各种工作所占的比例和取得的成果都会发生有趣的变化。

这种分散投资的思维方式也是金融投资的基本理论，被称为"投资组合理论"（Portfolio Theory）。这和我在前文中说的"不要做乐观主义者"是同样的道理。

好的习惯和思维方式能够带来好运，这也是在做任何投资前都应该掌握的基础。

## ▶ 适当地休息

把学习看作一种重要的投资,绝不让时间白白浪费掉。

这当然是一种非常好的习惯。但如果"每时每刻"都要求自己做到"完美无缺",那必然会变得疲惫不堪。最重要的,还是要把握住"度"。

我一直是按照自己制定的作息习惯来生活,在面临各种选择时也会先考虑未来。但我当然也不会强迫自己一年365天全都这样度过,而是会适当地为自己安排一些休息日。为了让投资能够长期持续下去,还是不要过分相信自己的意志力为妙。

每个人都会有提不起干劲,想要休息的时候。天气不好、压力过大等原因都会导致我们的状态出现下滑。

当我觉得"想要休息"的时候,就不会逼迫自己强打精神，而是会坐到沙发上无所事事一会儿。仅仅是坐在那里，放松身心，静静地感受时间的流动。

如果不知道该采用什么样的休息方式，那就先把自己从"不得不做的事情"上剥离开来。呆坐一会儿也好，睡一会儿也好，这些可能都有助于恢复精神和体力。

我每10天左右就会给自己安排一个休息日。这一天主要是用来养精蓄锐，所以我尽量不会给自己安排工作。有些人可能会觉得我休息的频率比想象中要高，感到有些惊讶，但如果想要好好去投资自己的话，这种程度的休息还是很有必要的。

无论一个人的意志力有多么强大，身体有多么强健，如果马不停蹄地一直跑下去，都总有精疲力竭的一天。有的时候我们自以为还有些余力，结果停下脚步后才发现身体早已疲惫不堪。

因此，定期为自己安排几个休息日，将投资和学习从头脑中清空，不去考虑未来，这也是十分必要的。身心健康是投资的根本，一旦忽视了这一点，就必然无法得到好的结果。

大家一定要学会倾听自己内心的声音。把未来抛之脑后的日子，也会帮助我们迎来更好的未来。

## ▶ 娱乐也是一种正当的投资

以前曾有人向我倾诉烦恼，他说自己明白了为未来投资的重要性后，开始觉得把时间用在爱好和娱乐上会产生罪恶感。每当把时间投入到自己喜欢做的事情中，他就会开始反思"这是不是在浪费时间"。把快乐的时间变得如此痛苦不堪，这可并不是什么好事。

娱乐，也是一种正当的投资。

因为我们能够从娱乐中收获感动。

在工作中，想法（idea）决定了一切。现在各个企业所寻求的，就是能够创造价值并且震撼人心的新想法。

然而想法并不会凭空出现，而是需要先在内心种下感动的回忆，再将这些回忆相互组合，让它们生根发芽，开花结果。当我们需要新的想法时，就把手伸进塞满了"感动回忆"的抽屉里，从中摸索出灵感。

一个好想法的诞生，需要许多感动的积累，而每个人所积累的感动的量则会直接反映在工作中。因此，通过娱乐给心灵带来触动，这也是一种正当的投资。希望大家不要让自己背负罪恶感，尽情地去享受快乐的娱乐时光。

例如，当我们在欣赏漫画和电影等作品时，理解了故事内核的瞬间就会为我们带来感动。抓住事物的本质，这就是一种非常有价值的输入。

散步也好，逛一逛自己感兴趣的小店也好，试穿刚买来的新衣服也好，只要是有一瞬间让心灵受到了触动，那么这就是优秀的投资。

享受娱乐活动时最重要的一点，就是保持积极的心态，主动去发掘新的事物。换句话说，就是要带着好奇心去尝试新的事物，想象一下"它会为我带来怎样的感动""我会因何而感动"。为了记住这些感动的瞬间，我往往会随时用笔记录下来。

以前我在和工作伙伴聊天时，曾经无意中跟对方说"这种香草茶的第二泡颜色更深，真好看"，而对方听过后则露出了惊异的神情。我只是单纯被茶的颜色所触动，想要为这种颜色寻找一个恰当的形容词，所以才忍不住脱口而出。而听了我的话后，对方也开始认真观察起杯中的茶，赞同道："确实很好看，我刚才完全没有注意到。"

同样是围坐在桌旁，同样是在品茶，有的人会被茶的颜色所触动，而有的人则不会。

学会从生活的细微之处捕捉感动后，我们的每天都会变得十分愉悦。

同时还要注意，这种捕捉感动的能力一旦许久不用，就会开始退化。因此，请大家每天都要有意识地去调动自己的感知能力，发挥想象力，从生活中捕捉美丽和感动。这样一来，感动的抽屉才会被慢慢填满。

## ▶ 自己来决定相信什么

在信息膨胀的当今社会，想要幸福地生活下去，就需要自己来决定相信什么。通过学习来为自己投资的过程离不开大量的信息输入。有的人会巧妙地去利用信息，有的人则会被信息所蒙蔽，这就导致最终的结果会天差地别。

大家要学会仔细地去判断自己眼前的信息有多少可信度。我的原则是，只相信自己亲眼看到、亲耳听到、亲身体验和思考过的信息。

信息可以分为很多层，其中最基本的就是"一次信息"。

所谓一次信息，用简单的话来说就是"未曾被加工过的原始信息"。一般来说，公司的财务决算报告和政府的统计结果等官方发布的数据和指数都属于一次信息。官方发布的一次信息往往需要我们自己去查找，所以并不怎么引人注意，但一次信息中其实包含了许多有用的信息，请大家一定要多去看一看。

除此之外，我们通过亲身经历获取的信息也是重要的一次信息。

例如，每当我走进便利店时，我都会注意观察店内的情况。

货架上有哪些上周还没有的新商品？最近掀起了什么新潮流？采用了什么样的宣传方式？顾客们的神态如何？大家穿着什么样的衣服？和收银员之间有什么样的交流？……

当我行走在街上或是坐在电车中时，也会无意识地开始使用同样的方式观察四周，并且把一些注意到的信息存储到自己的大脑中。通过自己的观察所获取的信息，就是十分珍贵且独一无二的"一次信息"。

二次信息是指通过报纸、电视和网络等媒体所发布的文章和报道。换句话说，二次信息就是指"他人的意见"。

二次信息在一次信息的基础上进行了加工，使一次信息更容易传播，因此大家一定不要囫囵吞枣，全部相信。二次信息包含了传播者自己的主张、思想和意图。为了了解传播者的倾向，我们就需要调查他究竟是谁，并且思考他在传播信息时的意图。

我本人就几乎从不相信网络上的信息。

因为我曾经多次在互联网上看到了与事实和我自己的经历相悖的信息。很多文章说得头头是道、有理有据，但内容却全是胡编乱造。当我在判断屏幕上的信息究竟是真是假的过程中，宝贵的时间也在一点一滴地流逝，这着实是一种浪费。因此，我决定除了企业的IR（面向投资者的信息宣传）和政府统计结果等官方发布的信息，都尽量直接从书本和人身上学习。

最后一种信息，就是"三次'元'信息"。

这是最重要的一种信息，也就是我们自己思考后所得出的"答案"。

现如今，随着科学技术的发展，我们所生活的社会渐渐地变成了一个"不需要思考的便利社会"。即使不去思前想后，也不会遇到什么困难。

但如果我们满足于现状，真的放弃了思考，那么就只能得出和其他所有人都一模一样的"答案"。

我们应该做的，是收集各种一次信息和二次信息，捕捉其中的差异，用自己的头脑去思考自己的答案，直到获得了"新发现"为止。不要直接相信别人传播的二次信息，也不要指望从自己手上的电子设备中找到答案，而是要用自己的头脑去思考答案。

像这样，先正确地去认识一次信息和二次信息，再通过整合信息来捕捉到其中的差异，最后用自己的力量推导出事实，这才是从真正意义上得到了可信的信息。

正确且有用的信息无法从他人的手中直接获得。只有靠自己思考，靠自己得出结论的"三次'元'信息"才能够真正派上大用场。

## ▶ 去寻找高质量的二次信息

媒体等二次信息的传播者都带有一定的目的，所以我们在获取信息时必须学会甄别，不能囫囵吞枣。但是"二次信息"也并不一定就是"二流信息"。

一个可信的信息源，可以为我们提供非常有价值的信息。

我每过 10 天左右，就会去同一家理发店剪头发。

这当然只是给大家举个例子，不是让大家都这样做。对我来说，去那家理发店剪头发并不是浪费，也不是有钱没处花，因为我的经济条件也没有那么宽裕。

保持仪容的整洁自然是很重要的一个方面，但是我去理发店真正的目的是学习，也就是投资。

这家理发店的顾客，都是企业的经营者、社会名流、独立艺术家等各类重量级人物。他们会在这里放松身心的同时，不经意间说起许多有意思的事。

有些是我还没有听说过的关于经济形势的话题，有些是近期新闻的内幕，有些是他们自己的烦恼，还有社会的动向和他们时常光顾的店铺等。这些都是只有在这里才能够得到的信息，也是非常宝贵、值得信赖、具有很高价值的二次信息。

除了理发店，还有其他可以用来获取信息的场所。比如我会定期参加一些学习会，从各个业界的人那里获取专业的见解，互相交换信息。很多活跃在第一线的人能够提供非常珍贵的第一手信息，而这样的信息也只能在这里获取。

这种学习会的有趣之处在于，它会要求新来的参与者先提供自己手上掌握的信息。我受邀参加时，先是分享了自己的工作观和当时的一些思考，这样才能够获得继续参加学习会的机会。在这里，每个人都无法单方面地享受他人提供的信息，而是需要先成为一名信息提供者。不过现在我还只是一个坐在末席的无名小卒罢了。

因此，请大家先试着去和那些有见识、有见解的人出现在同样的场合中。从那里获得的信息，必定会有质的飞跃。

刚开始你可能觉得自己有些格格不入，感到畏首畏尾，或者是因高额的费用而心生顾虑，但只要有明确的目的，那么投资就必定是有意义的。相信你也很快就会意识到从中获取的回报有多么丰厚。更何况，和值得尊敬的优秀人士一同交流，这本身就是一件非常令人愉悦的事情。

## ▶ 全面肯定的生活方式

无论是对人，还是对事，我都不会采取否定的态度，而是会全面接受、理解、相信并给予认同。换句话说，就是对一切人和事物都保持肯定的态度。我不会只接受好事的发生，而是会坦然地接受一切已经发生的事，无论好坏。

因为无论是好事，还是坏事，都能够促使我们成长。当坏事发生时，我就会告诉自己"这是理所当然的"，从长远的角度来看，坦然面对才会使自己的人生更加充实。

例如，我经常会发现自己以前的想法存在错误。每当此时，我都会坦然接受自己的错误，然后加以改正。后悔和自责毫无意义，积极向前、不断尝试的心态才能帮助我们进步。

就算是失去了宝贵的家人或是财产，我也会努力用积极的心态去接受现实。这当然并不简单，但我会接受这件悲伤的事，并感谢上天赐予我这样的试炼。沉浸在憎恨和怨怼中的人将无法继续前行。与其去对抗自己当前所处的环境和状态，不如思考一下接下来应该如何继续生活下去。

我在与他人相处时也会保持这样的心态。由于我从来都不会对他人评头论足，所以我对人的优劣其实也并没有什么概念。

别人听到我这么说都会感到很意外，但就算我自己成为管理者，需要创建团队，我也从来都没有想过要去"选拔员工"。我只会接受自己周围人的存在，寻找他们每个人身上的闪光点，然后安排他们去做适合自己的工作，仅此而已。

当我身边有经验丰富的员工时，我会感激对方帮了我的大忙。但就算对方没有经验，我也不会因此觉得就他"不行"，而更多的是好奇"如果把这个工作交给他来做，会做出什么样的成果呢"。当然，我也希望员工们能够在工作中获得一些积极的反馈。所以，当看到他们快要失败时，我也会及时救场，向他们伸出援手。

全面肯定，某种程度上也意味着"学会去爱一切"。

从一切人和事物的身上发现闪光点,把发生的任何事情都当作自己的养料,而这也是我在人生中最擅长的一点。

很多人一听到"全面肯定"这样的说法,就认为自己肯定不行,做不到那么积极向上。但是大家也不用一开始就考虑这么多,只要慢慢学会去发掘事物的闪光点,从它们身上找到自己所喜爱的地方,就一定能够逐渐地接近"全面肯定"的境界。

如果你总是用批评的目光去看待事物,习惯挑刺,很容易陷入悲观,那么请试着一点点地改变这种意识。

保持全面肯定的心态,能够让我们的心灵变得轻盈起来。这样无论发生任何事,我们都能够若无其事地淡定前行。